GUIDE

DE

L'ÉLEVEUR DE CHENILLES

INDIQUANT LA MANIÈRE DE LES RÉCOLTER, DE LES ÉLEVER
ET D'OBTENIR DES PONTES

PAR

E. BERCE

SUIVI D'UN

TRAITÉ SPÉCIAL

DE

L'ÉDUCATION DES CHENILLES

PRODUISANT DE LA SOIE

PAR

E.-F. GUÉRIN-MENEVILLE.

PARIS

E. DEYROLLE, Fils, Naturaliste,

Libraire-Correspondant de la Société impériale des Naturalistes
de Moscou, de la Société linnéenne de Normandie,
des Sociétés entomologiques
de Londres, de Belgique, de Russie, d'Italie, de Suisse, etc.

23, RUE DE LA MONNAIE, 23.

GUIDE

DE

L'ÉLEVEUR DE CHENILLES

GUIDE

DE

L'ÉLEVEUR DE CHENILLES

INDIQUANT LA MANIÈRE DE LES RÉCOLTER, DE LES ÉLEVER
ET D'OBTENIR DES PONTES

PAR

E. BERCE

SUIVI D'UN

TRAITÉ SPÉCIAL

DE

L'ÉDUCATION DES CHENILLES

PRODUISANT DE LA SOIE

PAR

E.-F. GUÉRIN-MENEVILLE.

PARIS

E. DEYROLLE, Fils, Naturaliste,

Libraire-Correspondant de la Société impériale des Naturalistes
de Moscou, de la Société linnéenne de Normandie,
des Sociétés entomologiques
de Londres, de Belgique, de Russie, d'Italie, de Suisse, etc.

23, RUE DE LA MONNAIE 23.

ÉDUCATION

DES

CHENILLES

Généralités.

La plupart des auteurs qui ont traité de l'histoire naturelle des Lépidoptères, ont donné quelques détails sur la manière de se procurer ces insectes, de les préparer et d'élever leurs larves connues sous le nom de *chenilles*; mais, considérant ces opérations comme des choses manuelles ou mécaniques plutôt que scientifiques, le peu qu'ils en ont dit ne nous paraît pas suffisant pour guider les premiers pas des commençants.

Ce dédain nous semble injuste; car, s'il est vrai de dire que la recherche des insectes, l'arrangement des collections, l'éducation des larves, ne sont pas de la science proprement dite, il faut convenir aussi que, sans collections, la science, c'est-à-dire, l'étude des caractères génériques et spécifiques, reste stationnaire comme elle l'a été pendant longtemps, et que pour former ces collections il faut, non-seulement explorer patiemment et minutieusement les localités où vivent les insectes, pour les capturer à l'état parfait, mais en-

core élever leurs larves, afin de connaître leurs différents états, leurs métamorphoses et leurs mœurs ;
étude attrayante qui a illustré les Bonnet, les Réaumur,
les De Geer, les Dufour, malheureusement trop négligée
de nos jours, quoique ces naturalistes aient quelques
savants successeurs dans les entomologistes actuels.

La preuve de ce que nous venons de dire se trouve
dans le grand nombre d'espèces découvertes depuis
trente ans ; ce nombre a quintuplé les espèces connues
auparavant, et beaucoup d'insectes réputés très-rares
sont devenus communs, depuis que des éducations
faites avec soin et intelligence ont souvent permis de
les reproduire à volonté, comme on reproduit une
plante en semant de la graine.

C'est donc pour combler cette lacune, que nous avons
entrepris de rédiger ce petit opuscule sans prétention
scientifique, dans le but d'aplanir les premières difficultés aux jeunes débutants, surtout pour ceux qui,
éloignés des centres entomologiques, n'ont souvent aucun guide à leur disposition ; c'est une causerie que
nous allons faire, et non un traité scientifique.

Nous dirons tout ce qu'une longue expérience nous
a appris sur les différentes manières d'élever les chenilles, et sur les soins à leur donner pour arriver à
un résultat satisfaisant. Non pas qu'il y ait une méthode certaine, infaillible, car malgré toutes les précautions, on arrive quelquefois à une déception ;
c'est que la captivité n'est pas la liberté ; c'est que d'a-
bord plusieurs maladies sont la conséquence naturelle
de l'agglomération d'un grand nombre de chenilles

dans un petit espace; l'humidité, l'air vicié par l'accumulation de leurs excréments sont autant de causes qui font avorter les éducations dont on se promettait les plus beaux résultats.

Les principales maladies des chenilles sont la muscardine, végétation cryptogamique engendrée par l'humidité, ou par une trop grande accumulation de chenilles; la pébrine, maladie caractérisée par des taches noires; la flacherie, un ramollissement qui se termine par la pourriture de l'animal; la maladie dite des arpions, qui amène la chenille à s'accrocher à tout ce qu'elle touche, puis elle se vide sans filer, devient molle, et la partie antérieure du corps tombe sur la partie postérieure, accrochée par les pattes membraneuses. A ces causes il faut joindre les Hyménoptères (Ichneumons) et les Diptères (mouches), parasites des chenilles, ainsi que les fourmis, non moins redoutables quand elles peuvent pénétrer dans les boîtes à éducation.

Nourriture des chenilles.

Les chenilles des Lépidoptères vivent aux dépens des substances organiques, mortes ou vivantes. Le plus grand nombre se nourrit de toutes les espèces du règne végétal, feuilles, fleurs, fruits, graines, racines, bois, aucune partie n'est à l'abri de leurs attaques; cependant, la majorité préfère les feuilles. D'autres attaquent nos pelleteries, nos étoffes de laine, le cuir, les plumes, rarement les matières grasses. Les plantes les plus vénéneuses, telles que les euphorbes et les aconits ne sont pas plus épargnées que les espèces inoffensives. Quelques-unes sont carnassières et dévorent les autres chenilles plus faibles qu'elles ; elles n'épargnent même pas leurs semblables ; mais cette anomalie n'est qu'accidentelle, c'est surtout en captivité qu'elles dérogent ainsi aux lois de la nature.

On a cru pendant longtemps que chaque plante nourrissait une espèce particulière de chenille; mais cette erreur ne subsiste plus que chez les personnes étrangères à l'entomologie ; la même espèce vit souvent sur beaucoup d'arbres différents, et le même arbre nourrit quelquefois plus de cinquante chenilles diverses. Les chenilles des bombyx *Dispar* et *Neustria* sont de véritables fléaux pour tous les arbres fruitiers et forestiers, qu'elles dévorent indistinctement.

Quoique quelques espèces s'accommodent à la fois de toutes les plantes basses ou des arbres indistinctement, généralement celles qui vivent sur ces derniers, n'attaquent pas les plantes herbacées. Il s'en faut donc de beaucoup que toutes les chenilles soient polyphages ; au contraire, dans un grand nombre de cas, la chenille est intimement liée à un végétal spécial, elle meurt quand elle en est privée.

Certains genres ou certains groupes correspondent même à telle famille ou à tel genre de plantes ; ainsi les *Papilio* du groupe de *Machaon*, vivent sur les Ombellifères ; les *Thais* sont propres aux Aristoloches ; les *Parnassiens* aux Saxifrages ; les *Pieris* aux Crucifères et aux Résédacées ; les *Colias* aux Légumineuses herbacées ; les *Argynnes* se nourrissent de violettes ; les *Limenitis* de Chèvrefeuilles ; les *Nymphales* de Saules et de Peupliers ; les *Satyres* de Graminées ; les *Lithosies* de Lichens, etc.

Il est donc essentiellement nécessaire que le lépidoptériste soit un peu botaniste, non pas pour discuter et analyser les caractères des plantes, mais pour connaître celles sur lesquelles il doit diriger ses recherches ; et pour pouvoir se procurer celles dont il aura besoin pour subvenir à la subsistance de ses élèves.

En résumé, on doit d'abord bien se convaincre d'une chose, c'est que le résultat sera d'autant plus certain que, connaissant les mœurs des chenilles, on les élèvera dans les conditions les plus rapprochées de l'état naturel.

Mues des chenilles.

Avant de se transformer en chrysalides, les chenilles subissent plusieurs changements de peau que l'on appelle *mues*. Ces changements sont plus ou moins nombreux selon les races ; les Rhopalocères, ou diurnes, en éprouvent ordinairement trois ou quatre ; presque tous les Hétérocères, quatre, excepté quelques espèces velues chez lesquelles on en compte jusqu'à sept ou huit. Dans l'état de nature ces mues s'accomplissent ordinairement sans danger pour les chenilles ; mais en captivité, ce moment est toujours critique et souvent mortel pour elles. On comprend en effet qu'en liberté, la chenille, avertie par un instinct particulier que ce moment est arrivé pour elle, s'y prépare en cessant de manger et en cherchant un endroit isolé où elle se fixe et reste immobile pendant deux ou trois jours ; là, ses couleurs deviennent ternes ou livides, l'ancienne peau se flétrit, se fend au-dessus du dos sur le second ou troisième anneau ; elle dégage d'abord la partie antérieure de son corps, puis, la partie postérieure ; cette opération terminée, elle reste encore immobile pendant un temps plus ou moins long, afin de donner à ses organes le temps de se raffermir, puis, elle se met à manger avec un appétit aiguisé par plusieurs jours d'abstinence. En captivité, les choses ne se passent pas toujours aussi facilement lorsqu'un trop grand nombre de chenilles se trouvent dans la même prison ; les allées et les venues des autres bêtes viennent déranger celle qui a besoin de repos, la forcent à changer de place, à quitter l'abri qu'elle s'était choisi, elle s'agite, se fatigue, et souvent on la voit se promener, traînant après elle la vieille peau dont elle n'a pu se débarrasser complétement. Elle meurt alors la plupart du temps, si un peu d'aide ne vient à son secours.

On comprend déjà quelle importance il y a de ne mettre ensemble qu'un petit nombre de chenilles, car indépendamment des mues, la transformation en chrysalide présente les mêmes difficultés, ainsi que nous le dirons en parlant de cet état.

Les chenilles mettent plus ou moins de temps pour arriver à l'âge adulte, selon les races, l'espèce de nourriture qu'elles prennent et l'époque de l'année.

Celles qui vivent de plantes succulentes se développent beaucoup plus vite que celles qui se nourrissent de graminées ou de lichens. Un grand nombre ne mangent que la nuit et restent immobiles pendant le jour; d'autres mangent presque constamment, et arrivent ordinairement à leur entier développement après quinze jours d'existence. Si l'éducation de ces espèces est assez facile, il n'en est pas de même de celles qui vivent plusieurs années (*Cossus ligniperda, Chelonia matronula*). Ces deux espèces entr'autres passent trois hivers avant de se transformer en chrysalides; la plupart des Sésies hivernent deux fois, et dans des conditions d'existence telles, qu'il est presque impossible de songer à leur éducation.

Beaucoup de nos espèces européennes sortent de l'œuf à la fin de l'été ou à l'automne, passent l'hiver dans l'engourdissement pour se réveiller aux premiers beaux jours. L'éducation de celles-ci n'est pas impossible, quand on est placé dans des circonstances favorables. Nous ferons connaître dans un chapitre spécial les moyens qui nous paraissent les plus sûrs pour réussir.

Transformation en chrysalide.

Lorsqu'une chenille est arrivée à son entier développement, elle se comporte absolument comme aux approches de la mue, c'est-à-dire qu'elle cesse de manger, qu'elle se décolore, que ses bosses s'absorbent si elle est gibbeuse, qu'elle court çà et là, et qu'enfin elle se dépouille de sa peau quand elle a trouvé un endroit convenable. C'est surtout dans cette dernière phase de son existence que la chenille a besoin de tranquillité et ne doit pas être tourmentée par ses semblables ; car ce n'est pas toujours impunément qu'elle accomplit sa transformation en nymphe ; un grand nombre périssent souvent, soit faut d'espace, soit faute de lieu bien approprié ; souvent aussi les chrysalides se déforment, gênées qu'elles sont par un espace trop restreint, ou par d'autres chenilles qui viennent se fixer près d'elles. Le papillon qui en sort est souvent atrophié, ses ailes sont plissées, inégales ; alors, adieu l'espoir de placer un bel insecte dans sa collection. Nous insistons sur ces détails, parce que c'est toujours par là que pèchent les débutants, en se servant de boîtes trop petites et peu appropriées à leur destination.

Le mode de transformation des chenilles en nymphes est très-variable selon les races. Presque toutes celles des Rhopalocères sont nues, anguleuses ou hérissées de pointes coniques ; quelques-unes sont ornées de taches métalliques d'or ou d'argent ; c'est à ces taches qu'est dû le nom de *chrysalide* (*chrusos*, or), appliqué aujourd'hui par extension à la nymphe de tous les Lépidoptères. Les unes sont fixées par la queue et par un lien transversal *(succincts)* ; les autres sont fixées seulement par la queue *(suspendus)* ; enfin les troisièmes sont enveloppées entre les feuilles par un léger tissu, et maintenues en outre par plusieurs fils transversaux *(enroulés)*.

Les Hétérocères ou *nocturnes*, ont deux modes principaux de se chrysalider ; les uns s'enfoncent dans la terre ; et parmi ceux-ci, il en est un grand nombre qui ne se donnent pas la peine de se fabriquer des coques ; il leur suffit d'être environnés de terre ferme ; chez d'autres, les coques sont de véritables ouvrages de maçonnerie ; à l'extérieur elles ressemblent à une boule de terre plus ou moins ovoïde et à l'intérieur elles sont tapissées d'une toile de soie, souvent très-mince. qui les rend lisses, polies et comme vernissées. Généralement les grains de terre sont pétris avec une matière gommeuse. Les autres se fabriquent des coques plus ou moins solides, qu'elles placent soit à la surface de la terre, soit entre les mousses ou les feuilles, soit appliquées contre le tronc des arbres, sous les chaperons des murs, etc. Plusieurs espèces se contentent de quelques fils croisés en différents sens, de manière à imiter plus ou moins le tissus d'une toile d'araignée ; celles qui ne possèdent qu'une petite quantité de soie, entrecroisent seulement quelques fils auxquels la chrysalide est plutôt suspendue par les crochets de sa pointe anale, que maintenue en place par le tissu (*Liparis monacha*, *Dispar*, *Salicis*, etc.).

La plupart de celles qui sont velues, n'ayant que très-peu de matière soyeuse, ont une ressource dans leurs poils, qu'elles s'arrachent ou qu'elle coupent avec leurs mâchoires pour fortifier leur coque (*Chelonia caja*, *Orgyia pudibunda*, etc.)

Quelques races, telles que les *Cossus*, *Zeuzera*, *Sesia*, qui vivent dans l'intérieur du tronc des arbres ; les

Nonagria qui vivent dans les roseaux, se chrysalident dans les lieux où elles ont vécu ; il est donc presque impossible d'en faire l'éducation.

Nous avons indiqué dans la Faune Française, les moyens les plus usités pour se procurer leurs chrysalides ; nous renvoyons donc à cet ouvrage et à l'Iconographie des Chenilles de Duponchel et Guénée.

Éclosion des chrysalides.

Il est assez difficile de préciser l'époque de l'éclosion des chrysalides ; cela dépend beaucoup de la température de l'année et de la latitude. Dans nos climats, l'évolution des diurnes a généralement lieu au bout de douze à vingt-cinq jours ; celle des nocturnes, qui ne passent pas l'hiver, est plus variable ; il y en a qui ne restent que huit jours à l'état de nymphe, et d'autres quatre à cinq mois. Rœsel dit avoir vu une *Plusia gamma* sortir de sa chrysalide le lendemain de sa métamorphose, et M. le docteur Boisduval a obtenu une *Plusia moneta* après trois jours.

Quant aux chrysalides qui passent l'hiver, l'éclosion a ordinairement lieu depuis le mois de février jusqu'à la fin de juin ; il faut en excepter les *Saturnia*, quelques *Bombyx* et *Cucullia*, qui hivernent souvent deux et même trois fois.

Comme ces chrysalides ne craignent pas la gelée, nous avons l'habitude, que nous recommandons d'ailleurs, de les laisser hiverner en plein air, à l'abri de la neige et de la pluie, bien entendu. On peut aussi sans inconvénient les rentrer dans une pièce sans feu, en veillant toutefois à ce que la terre ne se sèche pas trop.

Les attaches des chrysalides.

Les fils de soie qui attachent les chrysalides des Rhopalocères, et les coques qui enveloppent celles des Hétérocères, n'ont pas uniquement pour but de les maintenir en place, ou de les mettre à l'abri des injures du temps, ou de leurs ennemis; il y a un but d'utilité très-important, celui de favoriser la sortie du papillon; en effet, celui-ci a besoin de trouver un point d'appui qui l'aide à se débarrasser de son enveloppe, c'est en s'accrochant avec ses pattes sur les corps voisins, et en avançant peu à peu, qu'il parvient à se dégager complétement. Sans cela, il est exposé à rester emmaillotté et à traîner après lui son fourreau. C'est ce qui arrive quelquefois chez les espèces que l'on élève en captivité, et qui n'ont pu trouver un endroit convenable pour accomplir leur métamorphose, ou lorsque poussé par la curiosité, l'amateur inexpérimenté fouille la terre, ouvre les coques pour voir ce qu'elles contiennent, et se contente de les replacer dans une boîte, où privées de leur point d'appui, elles ne donnent plus que des papillons avortés.

Recherche des chrysalides, leur conservation.

On a beaucoup vanté et conseillé la recherche des

chrysalides aux pieds des arbres ; certainement cette recherche est parfois assez productive, mais le résultat final ne répond pas toujours, nous pouvons même dire rarement, au but que l'on s'était proposé. Il n'y a pas d'autres causes à cet insuccès que le dérangement causé aux chrysalides ; le bris de leurs coques, le contact de corps étrangers, leur cause une irritation qu'elles manifestent par leurs mouvements précipités, et qui amène souvent leur mort. Cet inconvénient est moindre pour les espèces à coques dures ; il suffit alors de les remettre dans la terre des vases, et de les arroser légèrement pour consolider cette terre. Quant à celles dont la coque est brisée, et qui sont par conséquent nues, ainsi que celles des diurnes, qui ont été détachées des arbres ou des murs, le mieux est de les placer sur de la terre bien tamisée et de les recouvrir d'une couche de mousse assez épaisse et bien divisée. Malgré tous ces soins, on en perd beaucoup ; néanmoins, nous conseillons de faire toujours cette chasse pendant les mois d'hiver quand la terre n'est pas gelée et au commencement du printemps ; on peut être quelquefois dédommagé de ses peines par l'éclosion de quelque bonne espèce.

Nous avons souvent mis en pratique un procédé très-simple, principalement pour les chrysalides de diurnes récoltées comme nous venons de le dire ; il consiste à les attacher sur un morceau de carton, au moyen d'un fil qui les ceint par dessus le milieu du corps et que l'on noue par dessous le carton, de manière à imiter le lien transversal qui les fixe dans l'état sauvage. La grosse et dure coque du *Saturnia Pyri*, que l'on trouve souvent dans les bifurcations des

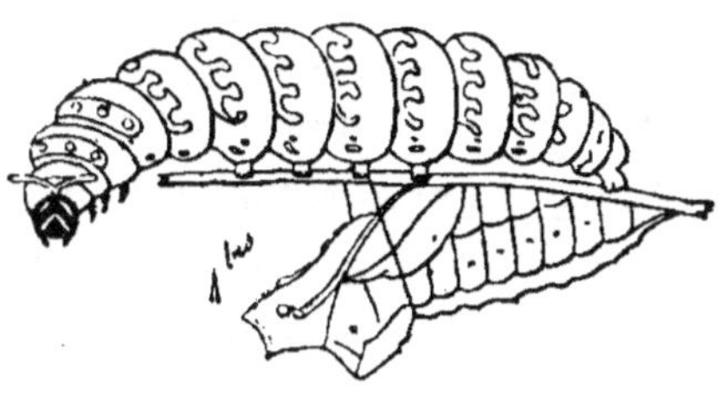

basses branches des ormes et sous les chaperons des murs, doit être fortement attachée de la même manière, ou simplement collée avec de la gomme ou de la colle forte. On collera de la même

Fig. 1.

manière les coques molles des *Bombyx Potatoria*, *Rubi*, *Quercifolia*, etc. Cette dernière se trouve fréquemment dans les jardins, sur les arbres fruitiers. En procédant de cette manière, on remplacera artificiellement le point d'appui dont on les a privées en les récoltant. La rare coque du *Bombyx Milhauseri* que l'on trouve sur le chêne doit être enlevée avec le morceau de l'écorce où elle est fixée ; il en est de même pour celle des *Dicranura Vinula*, *Erminea*, *Furcula*, qui se fixent dans les rides des écorces des saules et des peupliers.

On comprend d'après ce que nous venons dire, l'importance qu'il y a de ne pas déranger les chrysalides du lieu qu'elles ont choisi ; il faut réprimer son impatience et bien se persuader que le succès dépend beaucoup de savoir attendre.

Éclosion des papillons.

Lorsque le papillon sort de sa chrysalide, il est très-faible; ses ailes sont molles, pendantes, très-courtes; elles offrent en petit tout le dessin qu'elles auront plus tard. Il se fixe alors contre une branche ou contre les parois de la boîte, souvent dans une attitude renversée, et imprimant à ses ailes un léger frémissement; celles-ci s'allongent, se développent en tous sens, et poussent, pour ainsi dire, comme une feuille.

Le temps nécessaire à ce développement est plus ou moins long selon les espèces; chez quelques-unes, un quart d'heure suffit; chez d'autres, il faut près d'une heure.

Lorsque les ailes ont acquis leur ampleur normale, le papillon les relève et les abaisse successivement pour achever de vaporiser le liquide dont elles sont imprégnées, et quand cette opération est terminée, il prend la position qui lui est naturelle, les ailes relevées et appliquées l'une contre l'autre, chez la plupart des diurnes; en toit plus ou moins écrasé, chez les noctuelles; étendues et appliquées contre le plan de position, chez les géomètres, etc.

Le papillon fraîchement éclos rejette par l'anus un liquide tantôt rougeâtre ou sanguinolent, tantôt blanchâtre ou grisâtre, quelquefois noirâtre, liquide qui est un véritable *meconium* analogue à celui que rendent les mammifères nouveaux nés. C'est à ce liquide rouge que l'on doit attribuer les *pluies du sang* qui ont souvent effrayé les populations crédules; ce sont surtout les espèces des genres *Vanessa* et *Pieris*, dont l'éclosion a souvent lieu le long des murs, qui sont les principaux auteurs de cette erreur populaire.

Notre papillon est maintenant propre à perpétuer son espèce; s'il était libre, il ne tarderait pas à prendre sa volée, mais nous n'avons pas l'intention de lui accorder ces douces satisfactions. Ne nous pressons cependant pas trop de le piquer, à moins qu'il ne soit trop turbulent; laissons-lui le temps de bien se sécher, car sans cette précaution, la piqûre faite au thorax par l'épingle laisse souvent écouler un liquide jaunâtre, qui tache les poils du thorax et s'étend souvent sur tout le corps. Les ailes elles-mêmes saignent aussi lorsqu'elles sont piquées par l'aiguille à étaler; il faut alors enlever cette liqueur avec un pinceau, et attendre qu'elle ne coule plus, sans cela, le papillon est perdu, car il se colle à l'étaloir ou aux bandes de papier qui servent à maintenir les ailes.

On dit généralement que pour avoir de beaux exemplaires, qui une fois secs, se maintiennent bien dans la position qui leur a été donnée sur l'étaloir, il faut les étaler sur le *vif*. Par ce mot de vif, il ne faut pas entendre que le papillon doit être vivant, il faut au contraire qu'il soit bien mort, mais encore frais et et souple; autrement l'insecte s'agite, ses ailes sont rebelles et font ressort; il est difficile de donner une bonne position à ses antennes; son abdomen se relève ou se jette de côté; il perd ses poils par son frottement contre les bords de la rainure de l'étaloir, et enfin, quelques espèces sont si robustes et ont une si grande vitalité, qu'elles restent quelquefois trois jours sur l'étaloir avant de perdre tout mouvement. Pendant ce temps les efforts continuels qu'elles font pour se dégager de leurs entraves, dérangent leurs ailes, quoique pressées par des bandes de papier ou par des cartes, et une fois ces bandes enlevées, on est tout surpris de voir leur parallélisme dérangé. Il faut alors le ramollir et recommencer l'opération, tout cela aux dépens de la fraîcheur de l'individu.

Nous ajouterons à ce que nous venons de dire, que lorsqu'un papillon a été tué par un moyen toxique (*cyanure*, *benzine*, *nicotine*), il acquiert souvent une raideur qui ne permet guère de l'étaler immédiatement ; il faut alors le laisser à l'air libre pendant quelques heures, si la température n'est pas trop chaude, ou le mettre dans le ramollissoir jusqu'à ce qu'il ait repris sa souplesse.

Pour la recherche des chenilles, et la manière d'étaler les papillons, voyez le Guide de l'amateur d'insectes, et la FAUNE FRANÇAISE des Lépidoptères.

Tous ces détails, et ceux dans lesquels nous allons entrer, paraîtront bien futiles à quelques-uns ; mais pour nous qui attachons une grande importance aux collections soignées, nous ne saurions trop recommander tous les moyens propres à les former.

Éducation des chenilles.

Avant de se mettre en chasse, on doit d'abord se débarrasser d'un préjugé encore très-répandu dans les campagnes et même chez les citadins ; c'est que les chenilles sont venimeuses, de sorte que beaucoup de personnes les regardent avec effroi et dégoût. Ne dit-on pas souvent laid comme une chenille? Pauvres bêtes! (les chenilles), n'est-ce pas assez pour elles d'être emprisonnées et disséquées toutes vivantes par les naturalistes, d'être écrasées sans pitié par le lourd sabot d'un rustre, ou par le pied mignon· d'une belle dame, ingrate qui oublie que c'est à une chenille qu'elle doit la robe de soie dont elle est parée; il faut encore qu'elles soient calomniées. Nous convenons que quelques-unes sont livides et décolorées; ce sont les philosophes de la famille; vivant cachées et retirées du monde, elles ne tiennent pas à briller et dédaignent la parure; mais combien sont ornées de brillantes et harmonieuses couleurs. Nous répéterons donc encore ce qui a déjà été dit mille fois, aucune chenille n'est venimeuse, et l'on peut les toucher et les manier sans crainte et sans danger. Si quelques-unes, armées de fortes mandibules (*Cossus ligniperda*, etc.) peuvent mordre la main qui les saisit, cette morsure n'est pas bien grave; si les démangeaisons causées par les *Bombyx processionnea*, *pityocampa*, et quelques autres chenilles velues, sont parfois assez douloureuses, ce sont leurs poils qui en sont cause et non leur venin[1]. Convenons encore que quelques espèces causent de grands dommages à nos champs et à nos jardins; mais pourquoi détruit-on les petits oiseaux? pourquoi les taupes? autre préjugé.

Ainsi donc, prenons-les sans crainte, belles ou

1. Voyez *Faune Française des Lépidoptères*, tome II, pages 178 et 179.

laides, et rappelons-nous que la nature est toujours belle, même dans sa laideur.

· Manière de les récolter.

La première condition à remplir lorsqu'on se livre à la recherche des chenilles, c'est d'abord de bien remarquer les plantes sur lesquelles on les a trouvées, et d'être muni de plusieurs boîtes, afin de les séparer selon leur nourriture. La plupart des jeunes amateurs se contentent de les mettre ensemble dans la même boîte. Ce procédé est mauvais ; car quelle que soit la mémoire dont on est doué, il est impossible de ne pas commettre d'erreur, surtout quand on ne connait pas l'espèce que l'on vient de capturer. On séparera donc celles qui vivent sur le chêne, de celles qui vivent sur le hêtre, ou sur l'orme, ou sur différentes plantes basses. Chaque espèce sera accompagnée d'un échantillon de la plante qui la nourrit ; de cette manière, on ne sera pas exposé à donner de l'aubépine à celle qui vit sur le genêt, du genêt à celle qui vit de bruyère, etc.

Fig. 2. — Boîte à chenille.

Ces soins deviendront superflus quand on connaîtra bien les chenilles ; mais il sera toujours bon de n'en mettre qu'un petit nombre ensemble, et de bien garnir les boîtes de feuilles et de plantes. Les boîtes dont on se servira seront aussi grandes que possible, et en fer blanc, rondes ou ovales, s'ouvrant au milieu par le moyen d'une charnière, et percées en dessus d'une petite ouverture fermée par un opercule, par où l'on fait entrer les chenilles dans la boîte sans être obligé de l'ouvrir. (Fig. 2.) [1]

Rentré chez soi, muni d'un bon paquet de petites branches d'arbres et de plantes basses, on doit, sans plus tarder, sortir les chenilles des boîtes de chasse, et les mettre dans celles où doit se faire leur éducation. Une boîte en fer blanc, telle que celle dont se servent les botanistes, est excellente pour rapporter des plantes.

Installation des chenilles.

L'emplacement dont on peut disposer pour y établir son laboratoire d'éducation, a une grande importance pour la réussite de l'opération. Dans les grandes villes, il est quelquefois difficile de trouver un endroit propice ; une pièce non habitée est alors ce qu'il y a de plus convenable. Lorsque l'on peut disposer d'une cour, d'une terrasse, cela vaut encore mieux ; mais un coin de jardin est sans contredit ce qui peut donner les meilleurs résultats. Quand on peut y joindre une espèce de petite serre, non exposée au grand soleil, on a tout ce qu'il est possible de désirer.

Dans tous les cas, les vases doivent être à l'abri des intempéries des saisons, neige, pluie, vent, etc. On

1. On trouve ces boîtes chez M. Deyrolle.

doit pouvoir y travailler à son aise et en tous temps. Un petit auvent couvert en planches ou en chaume est aussi très-commode ; on place dessous une étagère isolée de tous côtés et dont les pieds sont placés dans de petites terrines que l'on a soin de toujours tenir pleines d'eau, car les fourmis sont très-friandes de chenilles, et quand elles s'établissent dans un vase, elles ne laissent pas une seule chenille vivante. Sur cette étagère on place les boîtes et les pots de manière à pouvoir les visiter commodément les uns après les autres.

L'exposition du levant nous semble la meilleure ; car la trop grande chaleur dessèche trop vite les plantes, et cuit, pour ainsi dire, les chrysalides enterrées. Les endroits humides et malsains seront rigoureusement évités. L'expérience d'ailleurs apprendra beaucoup plus de choses que tout ce que nous pourrions dire ; il nous suffit d'avoir sommairement indiqué la marche à suivre.

Des boîtes et vases à éducation.

Ces boîtes et vases sont de différentes formes, et chaque amateur les construit à sa manière ; mais quelle que soit la forme adoptée, la première condition, c'est qu'elles soient appropriées au but que l'on se propose. Nous allons décrire celles dont nous nous servons depuis longtemps, ainsi que beaucoup de nos collègues, et que l'on peut se procurer facilement partout.

Premièrement grandes boîtes en bois, garnies endessus et sur trois côtés au moins, de toile métallique en fer ou en cuivre ; ces boîtes dont la dimension peut varier auront toujours au moins de 30 centimètres de côté,

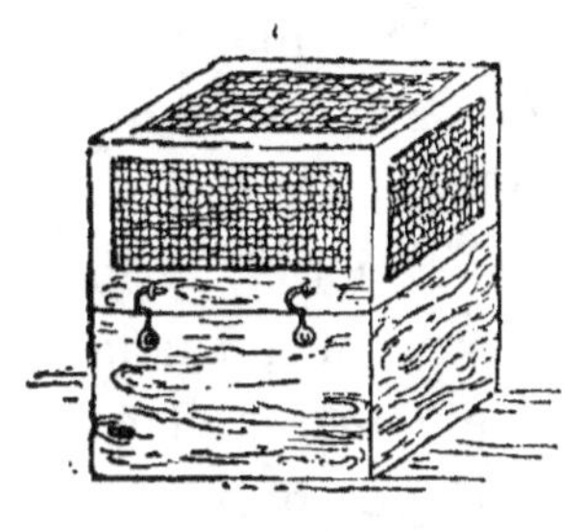

Fig. 3.

et 40 de hauteur afin de pouvoir y mettre des branches d'arbres assez longues. Elles s'ouvriront à moitié de leur hauteur, au moyen de charnières et se fermeront avec un ou deux crochets. Le fond sera garni d'une bonne couche de mousse fraîche et propre, cette mousse pourra servir toute la saison, mais il faudra la nettoyer de temps en temps, c'est-à-dire, enlever les crottes des chenilles, afin d'éviter la moisissure qui leur est toujours funeste. On place ensuite dans la boîte un ou deux flacons courts, à large ouverture, que l'on remplit d'eau, dans lesquels on met les branches d'arbres ou d'arbustes nécessaires à la nourriture des chenilles. On aura soin de bien boucher l'ouverture des flacons avec un tampon de mousse, afin d'éviter que les chenilles aillent se noyer, ce qui arrive souvent quand on néglige cette simple précaution.

Ces boîtes serviront principalement pour élever les Diurnes qui vivent sur les arbres, les arbustes, les orties, etc. ; les Bombycites des genres *Saturnia, Lasiocampa, Chelonia ;* les Noctuelites du genre *Catocala ;* en un mot, toutes les espèces qui ne s'enterrent pas, et qui se chrysalident dans la mousse, entre les feuilles, ou contre les parois et dans les angles de la boîte.

On comprend que plus les branches seront grandes, plus les chenilles seront à leur aise et espacées les unes des autres; on les renouvellera aussi souvent que possible, car quelques essences, telles que l'orme, le hêtre, le bouleau, ne se conservent pas longtemps, le chêne, le sapin, le genévrier, la bruyère, etc., se conservent au contraire pendant plusieurs jours, surtout quand l'étagère est bien abritée des rayons du soleil. On changera aussi l'eau des flacons, et l'on remplacera celle qui s'est évaporée. On aura le soin de prendre les branches sur des arbres bien sains; car un arbre malade suffit pour rendre les chenilles malades elles-mêmes, et on s'assurera qu'il n'y a après elles ni fourmis, ni pucerons, ni araignées.

Quand on aura remplacé la branche mangée ou fanée, on procèdera à mettre les chenilles sur la nouvelle; pour cela, on se contente souvent de les détacher avec les doigts; mais ce procédé nous semble mauvais, car quelques espèces se cramponnent tellement après les branches, que l'on risque de les blesser si l'on est obligé d'employer un peu de force; le mieux est de mettre simplement la vieille branche à côté de la nouvelle (mais non dans l'eau); les chenilles passeront ainsi facilement de l'une à l'autre. Il faut du reste toujours avoir soin que les chenilles que l'on met dans une boîte, puissent aisément atteindre leur nourriture; quelques rameaux secs que l'on dispose autour des branches leur en faciliteront le chemin.

La mousse que l'on changera ou nettoiera, sera aussi minutieusement visitée, afin de ne pas perdre les chry-

salides qui pourraient s'y trouver, et que l'on aura
soin de ne pas détacher.

Plusieurs fois par jour, surtout dans les grandes
chaleurs, on arrosera légèrement les feuilles et les chenilles. La plupart de ces bêtes aiment beaucoup ce
genre de rafraichissement, surtout celles qui vivent
dans les lieux humides et sur les hautes montagnes,
où la rosée est abondante pendant la nuit. Autrefois,
l'on se contentait de les asperger avec les doigts ou
avec un avec un petit arrosoir percé de trous très-fins ;

Fig. 4. — Pulvérisateur.

mais, depuis peu,
notre collègue et
ami M. Fallou a
imaginé un petit
instrument nom-
mé pulvérisateur,
avec lequel l'eau
est lancée, pour ainsi dire, en poussière ; cet instrument peut être remplacé par un autre, très-simple et
peu coûteux, dont nous donnons ici la figure.

Nous en recommandons expressément l'emploi, car
on en obtiendra les meilleurs résultats pour la santé
des chenilles.

Ainsi que nous l'avons dit, la plus grande partie des
chenilles de noctuelles et de géomètres, se chrysalident dans la terre, et c'est faute de savoir cela, que
beaucoup de débutants voient échouer leurs éducations. Il est donc nécessaire de leur préparer une demeure qui soit bien appropriée à ce mode de transformation. Ce que nous trouvons de plus commode

jusqu'à présent, ce sont des pots de terre, tels que ceux dont on se sert dans les jardins pour y mettre des fleurs. Leur grandeur peut varier, mais ceux que nous

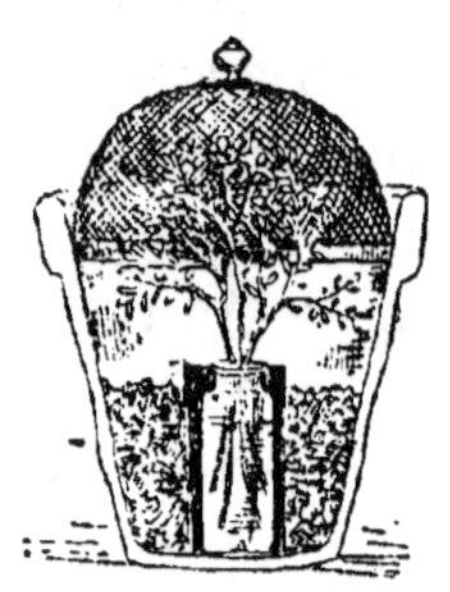

Fig. 5.

préférons ont depuis 25 jusqu'à 30 centimètres de diamètre; on doit les choisir bien ronds et aussi profonds que possible, et après avoir tamponné avec de la mousse les trous qui sont au fond, on les remplit de terre, jusqu'à peu près moitié de leur hauteur. Le choix de la terre n'est pas indifférent, comme on pourrait le croire; on doit proscrire celles qui sont argileuses ou calcaires, ainsi que celles qui contiennent des matières animales décomposées, appelées terreau. Comme il faut maintenir ces terres fraîches au moyen d'arrosements fréquents, elles finissent par se durcir au point que la chenille ne peut pas y pénétrer; s'y elle y pénètre le papillon ne peut plus en sortir. Le terreau de jardin engendre de la moisissure et des champignons et les chrysalides y pourrissent le plus souvent. La meilleure terre est celle dite de bruyère; on la tamise, mais on peut y laisser les petites racines, ce qui la rend plus meuble et l'empêche de trop se tasser. Si on n'a pas de cette terre à sa disposition, on peut se servir de bonne terre de jardin (non fumée) bien tamisée, et mêlée avec moitié de sablon bien fin. Ceci fait, on procède à l'installation des flacons destinés à recevoir les rameaux pour la nourriture des chenilles; ces flacons sont à large goulot; ils ont

40 millimètres de diamètre et 10 centimètres de hauteur, et doivent être enterrés dans le milieu du pot. Pour pouvoir les manœuvrer facilement sans déranger

la terre, on les entoure d'une feuille de zinc roulée en cylindre, que l'on commence par enfoncer dans la terre, puis, on vide celle qui est dans l'intérieur, et de cette manière on a un espace libre pour mettre et ôter le flacon à volonté. On couvre ensuite la terre

Fig. 6.

avec de la mousse fraîche, puis le pot est fermé par un couvercle en toile métallique appelé *couvre-plat*, lequel doit être bien ajusté dans le bord intérieur du pot. (Voyez fig. 5 et 6.)

Au lieu de couvre-plat, quelques amateurs se servent d'un cylindre en fer blanc ou en zinc, à la partie supérieure duquel est soudé un disque de toile métallique.

On peut de cette manière donner beaucoup de hau-

teur au pot, ce qui est toujours très-commode ; mais l'air ne circule pas aussi bien, et l'on ne peut pas voir ce qui se passe dans l'intérieur, si l'on veut étudier les habitudes des chenilles, étude des plus intéressantes que l'on ne doit pas négliger toutes les

Fig. 7.

fois qu'on en trouvera l'occasion, et celle-ci ne manquera pas. (Fig. 7.)

Les chenilles que l'on élèvera dans les vases que nous venons de décrire, appartiennent aux noctuelles, aux géomètres, aux deltoïdes et généralement à toutes

2

les espèces qui vivent sur les arbres et arbustes et qui se métamorphosent dans la terre. Les soins à leur donner sont les mêmes que pour les diurnes, c'est-à-dire : changer la nourriture et l'eau toutes les fois que cela est nécessaire, veiller à ce que les chenilles ne pâtissent pas, arroser avec le pulvérisateur, modérément et selon la température, et avoir soin que la terre ne se dessèche pas.

Quant aux chenilles qui s'enterrent et qui vivent de plantes basses, on se servira des mêmes pots, avec la terre recouverte de mousse et de quelques feuilles sèches, mais on supprimera le flacon pour les branches, ainsi que le cylindre en zinc. La plupart de ces chenilles appartiennent aux noctuélites, elles sont généralement polyphages et se cachent pendant le jour. Elles aiment beaucoup la salade; mais il faut éviter de leur en donner trop souvent, car cette nourriture trop aqueuse, leur donne fréquemment une diarrhée qui les fait périr; on y suppléera par du mouron, du séneçon, de l'oseille, du pissenlit, de la chicorée sauvage, etc. Ces diverses plantes seront simplement posées sur la mousse, sans autre soin que celui d'enlever les feuilles gâtées et fanées. On arrosera rarement, et seulement pour entretenir la terre fraîche.

Ce dernier vase pourra encore être modifié en ce sens, que l'on peut supprimer le couvre-plat, et le remplacer par un disque de toile métallique, dont on rabat les bords autour du pot, en les assujétissant avec une ficelle (fig. 8); nous avons même vu chez quelques éducateurs, les pots recouverts avec un morceau de toile; mais outre que quelques chenilles percent très-bien cette toile, on ne voit pas ce qui se passe dans le vase, ce qui est un inconvénient, surtout au moment de l'éclosion. On peut de cette manière se procurer facilement et économiquement un certain nombre de pots, car il en faut beaucoup, quand on veut opérer un peu en grand; on en aura même de petits (*10 à 12 centimètres*), on y mettra de la terre fine et on les couvrira

Fig. 8.

avec un morceau de toile assujettie tout autour avec une ficelle; ces pots serviront pour l'éducation isolée de quelques petites espèces, qui seraient perdues si on les mettait dans des grands.

Les chenilles des noctuelles, principalement des genres *Agrotis*, *Charæas*, *Cerigo*, etc., vivent de graminées et de leurs racines; elles sont plus difficiles à élever que celles qui vivent de plantes basses; on a néanmoins quelque chance de réussir en s'y prenant de la manière suivante. On prend un grand pot que l'on remplit aux trois quarts de bonne terre, sur laquelle on met une belle motte de gazon; on arrose bien afin de la faire reprendre et végéter, et l'on recouvre par un des moyens que nous avons indiqués. Ce pot doit être préparé d'avance, et laissé en plein air et à la pluie, jusqu'à ce qu'on obtienne une belle touffe de gazon. Les chenilles ne demandent pas d'autres soins que ceux d'entretenir la terre humide et d'empêcher l'herbe de se faner.

Les chenilles des Satyres vivent aussi de graminées, mais comme elles ne s'enterrent pas, on les nourrira avec de belles touffes de ces graminées, carex, bromus, etc., que l'on mettra dans un flacon, et que l'on renouvellera souvent. Il en sera de même pour la chenille du *Bombyx Potatoria*, que l'on élève très-facilement avec des bromus que l'on met dans l'eau ; cette chenille sera arrosée fréquemment, car elle habite les lieux frais et humides.

Les chenilles des Lithosides, *Nola*, *Setina*, *Lithosia*, vivent des lichens qui croissent sur les arbres, les pierres, les tuiles des toits, etc. On préparera donc un pot avec de la terre et de la mousse, sur laquelle on mettra quelques morceaux de branches d'arbres, quelques pierres, le tout bien garni de lichens que l'on arrosera, ou que l'on trempera dans l'eau matin et soir. Ce pot ne demande pas d'entretien et peut servir pendant longtemps. On traitera de même les petites chenilles à fourreau des genres *Talæporia* et *Solenobia* que l'on trouve sur les pierres et les vieilles clôtures en bois.

Les chenilles des genres *Tinea* et *Dasycera* vivent dans le bois pourri et dans les bolets qui croissent sur les vieux troncs ; on récolte ces substances quand on les trouve habitées, ce qui se reconnait facilement par la présence de petites crottes, et on les met dans un pot sur de la terre et de la mousse. On arrosera fréquemment.

Pendant l'été, on ramassera dans les jardins et dans les vergers, les fruits tombés, (dits véreux : pommes, poires, prunes), on les mettra dans des pots sur de la terre, et quand on jugera que les chenilles qui les habitent les ont quittés pour se chrysalider, on les enlèvera afin d'éviter la pourriture, et on attendra l'éclosion ; on traitera de même les châtaignes, les glands, les faînes, que l'on trouve à l'automne dans les forêts ; ce sont ordinairement les premiers tombés qui contiennent des chenilles. Au printemps suivant on en obtiendra de charmants petits lépidoptères, appartenant au genre *Carpocapsa*, et que l'on ne peut guère se procurer que par ce moyen.

Pour ne pas répéter inutilement ce qui a déjà été dit, nous renvoyons pour les autres genres de Microlépidoptères, à l'excellente notice de M. Stainton, dans le *Guide de l'amateur d'insectes*. (4ᵉ édition 1872).

De l'éducation sur les arbres et arbustes.

Ce mode d'éducation est sans contredit un des meilleurs, quand on est placé dans les conditions nécessaires pour le pratiquer. Un jardin dans lequel on a planté quelques arbres forestiers, chêne, orme, bouleau, peuplier, pin et sapin, est ce qu'il y a de plus favorable ; mais on peut y suppléer par une cour ou une terrasse, en plantant quelques-uns de ces végétaux dans des caisses ou des pots. Nous avons fait pendant longtemps de ces éducations dans une petite cour, au centre de Paris, et toujours avec succès. C'est ainsi que nous avons élevé plusieurs fois le *Charaxes Jasius*, espèce propre aux contrées les plus chaudes de la Provence, sur un *Arbutus* en caisse, devant la fenêtre de notre appartement, et que beaucoup d'autres espèces étrangères à nos climats peuvent être élevées, en leur donnant, bien entendu, la nourriture qui leur est spéciale.

· Lorsqu'on aura une ponte ou de jeunes chenilles, ce moyen devra être employé de préférence à tous les autres, toutes les fois qu'on le pourra, et voici comment on doit s'y prendre pour ne pas perdre ses élèves ou les laisser manger par les oiseaux, ce qui ne manquerait pas d'arriver si on les laissait en liberté sur les arbres. On fait faire des sacs en bonne toile, afin de pouvoir résister aux intempéries des saisons; on en aura de différentes grandeurs, selon la grosseur ou le nombre de chenilles que l'on possède; les plus grands doivent avoir un mètre de long sur 50 centim. de large; ils sont ouverts par les deux bouts, et se ferment au moyen d'un ruban passé dans une coulisse. On choisit alors sur l'arbre une branche un peu moins grande que le sac, bien garnie de feuilles, exempte de pucerons et de fourmis (les Forficules, ou perce-oreilles, sont aussi très-redoutables aux chenilles); on introduit cette branche dans le sac, dont on serre fortement l'extrémité inférieure autour de la tige, puis, on y dépose soit les œufs, soit les chenilles et on ferme hermétiquement l'autre extrémité en enveloppant toute la branche. Il n'y a plus à s'en occuper que pour mettre une autre branche dans le sac, lorsque les chenilles auront mangé toutes les feuilles de la première, et qu'il sera nécessaire de leur en donner d'autres. Il y a cependant une précaution essentielle à prendre, c'est de surveiller le moment où les chenilles vont se métamorphoser. Si l'on se rappelle bien ce que nous avons dit à ce sujet, on s'apercevra que ce moment est arrivé lorsque les chenilles cesseront de manger et changeront de couleur. Ceci est surtout important pour celles qui doivent s'enterrer, il faudra alors les retirer du sac avec précaution et les mettre dans un vase bien garni de terre, et tout sera dit jusqu'à l'éclosion.

Les *Saturnia Pyri* et *Pavonia*, dont on a souvent des pontes, s'élèvent très-bien ainsi sur les arbres fruitiers, pommiers, poiriers, pêchers, etc.; il en est de même des *Bombyx Lanestris*, *Catax*, *Rimicola*, qui vivent en société dans leur jeune âge, sur le prunellier, l'aubépine et le chêne. Les chenilles délicates qui s'accommodent mal de la captivité dans les pots, réussissent plus facilement avec ce moyen. On doit comprendre que pour les petites éducations, on fera des sacs proportionnés.

Ce mode d'éducation est surtout très-avantageux pour les espèces qui vivent sur des arbres dont les branches se conservent mal dans l'eau ; tels sont l'orme, le bouleau, le peuplier, les saules ; il est en outre très-commode, en ce qu'on n'est pas obligé de changer la nourriture tous les jours. Une bonne branche, bien fournie, peut quelquefois suffire à toute une éducation.

Nous pensons en avoir dit assez sur ce sujet; un amateur intelligent une fois initié à ces moyens, saura bien trouver le meilleur pour réussir.

Manière d'obtenir des œufs.

On trouve fréquemment sur les feuilles, sur les tiges des plantes, sur les troncs d'arbres, des œufs de Lépidoptères; on doit les recueillir, non en les détachant de leur support, mais en coupant la feuille ou la tige ou en enlevant un morceau de l'écorce de l'arbre; on les mets dans des boîtes en ayant soin de noter sur quelle plante on les a trouvés. Les femelles que l'on prend dans une chasse et que l'on a eu la précaution de piquer sur un morceau de papier sans les tuer, se débarrassent presque aussitôt de leurs œufs, à moins que l'opération ne soit déjà faite, ce que l'on reconnait facilement à la mollesse de leur abdomen. Toutes les fois que cela sera possible, ces œufs seront élevés sur des plantes vivantes, selon la manière que nous avons indiquée; si l'espèce vit de plantes basses, on peut très-facilement avoir un pot d'oseille, ou de mouron, ou de pissenlit, et placer ces œufs dessus en les recouvrant d'une toile légère, laissant passer l'air et la lumière. Quand les chenilles seront assez grandes, on achèvera l'éducation en les mettant dans les boîtes ou dans les pots.

Les papillons de jour pondent rarement en captivité; si l'on avait par hasard une de ces pontes, d'une Argynne par exemple, le seul moyen de bien réussir est de mettre les œufs sur un pot de violettes que l'on couvre d'une toile légère, afin de ne pas intercepter l'air et la lumière, et que l'on noue autour du pot avec une ficelle.

Quand on n'aura pas de plantes vivantes à sa disposition, on se servira de verres à boire, à bords droits, on mettra les œufs dedans, puis, on les bouchera soit avec un morceau de toile, soit avec du papier, soit même avec une rondelle de liége ; on surveillera attentivement l'éclosion des chenilles, et sans plus tarder on mettra dans le verre quelques feuilles de la plante qui doit les nourrir. Dans un verre bien bouché et tenu au frais, ces feuilles se conservent bien pendant deux ou trois jours ; quand elles sont rongées ou fanées, on renverse le tout sur une feuille de papier, on nettoie le verre, on y remet quelques feuilles, puis on épluche bien les anciennes, et avec un léger pinceau on fait tomber les petites bêtes dans le verre. On répète ce manége jusqu'à ce que l'on juge que les chenilles peuvent être élevées comme d'usage.

Nous engageons les éducateurs à ne pas négliger la femelle d'une espèce rare, même quand elle est détériorée, car souvent on en obtient des œufs ; c'est ainsi qu'une femelle du *Bombyx dumeti*, espèce toujours recherchée, que nous avons une fois trouvée par terre, à moitié écrasée, nous a donné une ponte que nous avons élevée et qui nous a procuré un bon nombre de beaux exemplaires.

Quelques espèces s'accouplent facilement en captivité, si l'on obtient simultanément des mâles et des femelles ; car lorsque celles-ci ont déjà plusieurs jours les mâles ne les recherchent plus ; il faut alors avoir recours aux mâles étrangers ; la plupart du temps ceux-ci ne se font pas attendre et on les voit voltiger autour des pots où sont des femelles. Il faut leur en faciliter l'entrée en soulevant le couvercle, et l'accouplement ne tarde pas à avoir lieu. Lorsqu'il est terminé, on pique la femelle sur un liége recouvert d'un morceau de papier sur lequel elle dépose ses œufs.

Les mâles les plus ardents à la recherche de leurs femelles, sont ceux de plusieurs Bombycites, principalement du *Bombyx quercus ;* tous les amateurs savent que ces mâles viennent en plein jour jusque dans le milieu des grandes villes, et jusque dans les appartements ; nous en avons vu venir se heurter contre les vitres d'une fenêtre fermée, guidés par un sens si développé, celui de l'odorat, qu'il est impossible de croire à ce fait quand on n'en a pas été témoin.

Les femelles des *Saturnia Pyri* et *Pavonia*, se fécondent aussi très-facilement de cette manière ; c'est en plein jour que ce dernier vole ordinairement ; mais c'est le soir après le coucher du soleil, souvent vers dix heures que *Pyri* recherche sa femelle ; on en voit quelquefois plusieurs voltigeant autour des pots, comme des chauves-souris.

On peut encore, et nous avons vu ce procédé pratiqué plusieurs fois avec succès, piquer une femelle non fécondée sur un morceau de liége, en lui laissant la liberté de ses mouvements, et attacher ce liége sur un arbre à la lisière d'un bois ; ceci doit se faire le soir, et le lendemain matin on est à peu près sûr qu'elle a été fécondée; souvent même on la trouve encore accouplée. C'est ainsi qu'un de nos amis, M. Delorme, de Versailles, a propagé pendant plusieurs années la *Lasiocampa Populifolia*, belle espèce, toujours assez rare. Il est bien entendu que lorsqu'on voudra pratiquer ce mode de fécondation, les femelles seront portées de préférence dans les localités où l'espèce vit habituellement.

Cette fécondation est préférable à toute autre quand on peut la mettre en pratique, car la consanguinité finit toujours par la dégénération des races.

Nous avons dit plus haut que les papillons de jour ne s'accouplaient pas et pondaient rarement en captivité; on sait également que la plupart des femelles que l'on prend au vol sont fécondées. En plaçant une de ces femelles sur un morceau de coton fortement imbibé d'eau sucrée, on a remarqué qu'elle s'y cramponne, suce le liquide et pond chaque jour quelques œufs. Le morceau de coton doit être piqué sur du carton, et c'est sur ce carton que les œufs sont déposés. Le soir, à la lumière, est le moment le plus favorable, et l'on peut même se dispenser de piquer l'insecte.

M. Becker, qui a publié ces renseignements dans les annales de la Société entomologique de France, a vu pondre ainsi des œufs par l'*Apatura Ilia;* nous les transcrivons ici sous toute réserve, car nous avouons n'en avoir jamais obtenu de résultats; nous engageons cependant les amateurs à essayer de nouveau, peut-être seront-ils plus heureux.

Lorsque les œufs doivent passer l'hiver, il faut les

mettre dans un petit sac en toile et les accrocher à un mur ou à un arbre à l'air libre ; il n'y a aucun autre soin à leur donner qu'à les surveiller dès le commencement du printemps.

Les petites chenilles qui hivernent seront aussi gardées en plein air dans un pot bien garni de mousse et de feuilles sèches ; elles ne craignent ni la neige, ni la gelée, il faut seulement prendre garde que la pluie ne s'accumule trop dans le pot ce qui pourrait les noyer ou engendrer de la moississure ; dans ce cas, on les mettrait à l'abri, ou on couvrirait le pot avec un peu de paille ou un morceau de linge. Comme ces chenilles s'engourdissent pendant l'hiver, il faut se garder de les rentrer dans un appartement, surtout s'il est chauffé, car alors l'engourdissement n'a plus lieu et elles périssent faute de nourriture.

Lorsqu'au retour du printemps, et quelquefois même dès le mois de février, on s'aperçoit qu'elles sortent de leur retraite, il faut s'empresser de leur donner à manger, car après cette longue abstinence elles ont bon appétit, et un jeûne prolongé ne peut que leur être funeste.

Tels sont les soins à donner à l'éducation des chenilles ; mais il ne faut pas se faire d'illusion, on aura souvent du mécompte par des causes qui nous sont inconnues et qui atteignent aussi bien celles qui vivent dans l'état de nature, que celles que nous tenons en captivité ; cependant, si l'on s'est bien conformé à tout ce que nous venons de dire, on aura certainement des chrysalides bien vivantes, bien conformées, et avec elles, de beaux papillons qui dédommageront des soins qu'on leur a donnés.

—————

Précautions à prendre au moment de l'éclosion.

Nous avons indiqué dans la FAUNE FRANÇAISE l'époque d'éclosion de chaque espèce, nous y renvoyons donc nos lecteurs. Quant à l'heure de la journée, elle est très-variable; quelques espèces éclosent à des heures fixes, les unes le matin, beaucoup le soir; c'est surtout pour celles-ci qu'il faut redoubler de vigilance, et visiter les vases à l'aide d'une lanterne jusqu'après dix heures; sans cette précaution plusieurs Noctuelles, Bombyx et Géomètres volent une partie de la nuit, et le frottement souvent répété de leurs ailes contre les parois du vase et de son couvercle, les endommage tellement, que le lendemain matin on ne trouve plus que des débris.

Beaucoup de Noctuelles se cachent sous la mousse pendant le jour, aussitôt après leur naissance; il faut de temps en temps soulever légèrement cette mousse, sous laquelle on les trouve blotties; on en perd beaucoup quand on néglige cette précaution.

Nous recommandons spécialement les *Macroglossa bombyliformis* et *fuciformis*; on sait que ces deux espèces ont les ailes transparentes quand on les prend au vol; elles sont cependant couvertes d'écailles lorsqu'elles viennent de naître, mais ces écailles sont si fugaces, que le moindre battement d'aile les fait disparaître instantanément. On les piquera donc aussitôt qu'elles seront développées et on les étalera avec le plus grand soin, en évitant même de souffler dessus.

Notes sur la préparation des microlépidoptères.

L'étude de ces charmants petits papillons a été jusqu'à présent très-négligée en France; leur petite taille, la difficulté de les prendre, de les piquer et de les étaler sont sans doute les causes de cette indifférence. Aujourd'hui, ces difficultés n'existent plus, et nous pouvons affirmer qu'avec un peu d'habitude, le plus petit lépidoptère se prend et se prépare aussi facilement qu'une noctuelle, quand il est bien piqué et qu'il est étalé sur le *vif*, car le ramollissement ne donne pas souvent de bons résultats; si cependant on se trouvait obligé d'y recourir, nous ne saurions trop conseiller le procédé indiqué dans le n° 51 des *Petites nouvelles entomologiques*, qui consiste à couper des bandes étroites des feuilles du laurier-cerise, (*Prunus lauro-cerasus*) à les mettre dans un flacon à large ouverture et à piquer sur le bouchon les papillons qu'on veut ramollir, de façon qu'en fermant le flacon les papillons s'y trouvent enfermés; il faut avoir soin de prendre des feuilles ayant beaucoup de sève, c'est-à-dire, bien *aoûtées*, pour nous servir de l'expression des jardiniers; les feuilles nouvelles sont trop aqueuses, se moisissent facilement, et ne peuvent servir que pendant quelques jours, tandis qu'un flacon, préparé avec des feuilles bien mures et exemptes d'humidité, peut servir pendant quinze jours, et conserver les insectes frais pendant ce laps de temps. Pour les grandes espèces nous nous servons d'un pot à confitures, en verre, et pour les micros, d'un verre à boire, tous deux bien fermés avec une rondelle de liége.

Pour pouvoir y piquer facilement les fils d'argent ou de platine on attache sur ces rondelles quelques bandes de moëlle de sureau. Lorsque les feuilles noircissent, et que les parois du vase se couvrent de goutelettes d'eau, on le nettoie et on y remet de nouvelles feuilles. Ces vases doivent être tenus au frais et à l'ombre. C'est dans le but d'encourager les jeunes débutants, que nous allons ajouter quelques lignes à la notice publiée sur ce sujet par M. Fologne, de Bruxelles, et insérée dans le Guide de l'amateur d'insectes. Le mode d'étalage de M. Fologne, bien que donnant de bons résultats, est d'ailleurs peu connu en France, et son système d'étaloirs en verre nous paraît peu commode. En effet, le moindre choc, la seule vibration causée dans les maisons par les voitures qui passent dans la rue, suffisent pour déranger les petits carrés de verre qui servent à maintenir les ailes, attendu que rien ne les fixe en place. Nous préférons les établir en bois, et étaler par la méthode employée pour toutes les autres espèces de lépidoptères.

Nous proscrivons les épingles ordinaires, d'abord parce que comme il faut qu'elles aient deux pointes, on est obligé de les couper et de leur faire cette seconde pointe, ce qui occasionne un travail assez long et peu facile, ensuite parce que ces épingles qui doivent être très-fines, se piquent difficilement dans le liége des boîtes de collection, sans se tordre ou se courber, et principalement enfin, parce que quelle que soit leur bonne qualité, elles finissent toujours par se couvrir de vert de gris à la place où l'insecte est piqué, ce qui entraîne la plupart du temps, et souvent très-rapidement la perte du papillon. C'est ainsi que presque tous les microlépidoptères que nous avons autrefois préparés avec des épingles, sont à peu près tous perdus aujourd'hui.

On emploie maintenant du fil de platine ou du fil d'argent; tous deux sont bons, mais nous préférons le fil de platine, quoique plus cher, parce qu'il a plus de corps, qu'il se dresse mieux et qu'il est encore plus inaltérable que l'argent; ces fils sont enroulés sur une bobine, et leur extrémité libre est fixée dans une encoche pratiquée au bord de la bobine, de cette manière on n'en déroule que la longueur dont on a besoin. Ces fils sont très-fins et il en faut de deux grosseurs, l'une de un dixième, l'autre de deux dixièmes de millimètres de diamètre. Quelques personnes se servent aussi du fil de cuivre doré ou argenté, dont on se sert dans la passementerie; le fil doré peut être bon, mais quant au fil argenté nous doutons fort qu'il puisse durer longtemps sans s'oxyder.

Il n'est pas hors de propos d'ajouter ici, que depuis quelque temps, on fabrique en Allemagne des épingles entièrement enduites d'un vernis noir destiné à les préserver de l'oxydation. A part leur aspect peu agréable à l'œil, ces épingles sont certainement destinées à rendre de grands services, mais leur grosseur encore augmentée par la couche de vernis, ne permet guère de les employer pour les microlépidoptères ; en outre, elles offrent toujours cet inconvénient, qu'on est obligé de les couper et de leur faire une seconde pointe ; néanmoins, toutes les fois que l'on pourra s'en procurer, on fera bien de s'en servir, surtout pour les *Pyrales* d'une certaine taille, les *Deltoïdes*, les *Géomètres* à corps mince, telles que les *Eupithecia*, *Acidalia*, etc. Elles assureront certainement la conservation de ces fragiles espèces.

Dans le cas où l'on ne pourrait pas facilement se procurer de ces épingles, nous croyons les remplacer avantageusement par le procédé suivant : Nous prenons des épingles n° 3 et 4 de bonne qualité (d'Allemagne principalement), puis, à l'aide d'un petit pinceau nous les enduisons d'un vernis noir dont se servent les graveurs à l'eau forte, et afin d'éviter de noircir inutilement l'épingle, nous ne mettons de vernis qu'au second quart supérieur de cette épingle, nous la piquons ensuite sur un morceau de liége et nous continuons l'opération jusqu'à ce que nous en ayons un certain nombre. Nous laissons sécher pendant quelques minutes, puis, nous donnons une seconde couche, et nos épingles sont bonnes à employer. On pourrait penser que ce travail est long et ennuyeux, il n'en est rien, nous pouvons affirmer qu'on peut en préparer deux cents en moins d'une heure.

Nous ne pouvons dire que peu de chose quant à la durée de notre procédé, parce que c'est seulement depuis deux ans que nous le pratiquons ; mais ce qu'il y a de certain, c'est que toutes les espèces que nous avons préparées pendant ce laps de temps, sont dans un parfait état de conservation, tandis qu'il n'en est pas de même de celles piquées avec des épingles ordinaires. Nous avons même l'intention de préparer ainsi toutes les grosseurs d'épingles, et nous engageons les amateurs à faire comme nous ; ils s'en trouveront bien, pensons-nous, surtout pour les espèces sujettes à graisser telles que les Bombyx et quelques genres de Noctuelles.

Revenons à notre fil de platine ou d'argent. Quand on voudra s'en servir, on en déroulera la quantité nécessaire, on le dressera bien, puis, avec des ciseaux ou des pinces coupantes, on coupera le fil très-obliquement de manière à lui former une pointe par l'obliquité de la section.

La longueur de chaque fragment doit être de 10 à 12 millimètres, selon la grosseur de l'insecte, et surtout selon la longueur de ses pattes ; on mettra ces fragments dans une petite boîte, ou ce qui est plus commode, on les piquera à la file l'un de l'autre sur un morceau de moelle de sureau bien purgé de son écorce, et collé sur une petite planchette d'environ un décimètre carré. Sur la même planchette on colle deux billots de moelle auxquels on fait un sillon au moyen d'un canif ou d'un scalpel ; de cette manière, on a devant soi tout ce qu'il faut pour piquer ses petits insectes, et voici comment on procède.

Lorsque le microlépidoptère aura été remis de la boîte à pilule dans le flacon au cyanure, et qu'il ne fera plus de mouvements, on le fera tomber sur un carré de papier lisse, avec des pinces fines on le saisira par une patte, et on le placera sur un des petits billots, le corps dans la rainure et les pattes en l'air; avec des pinces plus fortes on prend un fil par le milieu et à angle droit, puis la main gauche armée d'une loupe (si l'on n'a pas la vue très-bonne) on le pique entre la première paire de pattes, on enfonce le fil bien verticalement dans le billot de manière à ce qu'il sorte d'un quart de sa longueur, juste au milieu et au-dessus du thorax. Le plus petit lépidoptère bien piqué de cette manière, s'étale très-facilement; mais il n'en est pas de même s'il est piqué de travers, le mal est alors sans remède, car cette opération ne peut guère se recommencer; cependant, on peut toujours essayer. Il est indifférent de piquer par un bout du fil ou par l'autre, puisque tous deux ont des pointes. On étalera immédiatement, ce que nous pratiquons à la manière ordinaire, c'est-à-dire, avec deux étroites bandelettes de papier bien lisse (1 millimètre de largeur au plus) pour donner la position aux ailes, et deux petits carrés de papier fort pour les maintenir jusqu'à dessiccation complète; le tout fixé avec de fines épingles d'acier à tête d'émail.

Si l'on n'avait pas le temps d'étaler de suite, on piquerait ces insectes sur un morceau de moelle que l'on place ensuite sous le ramollissoir dont nous avons parlé plus haut, où ils se conserveront très-bien pendant plusieurs jours.

Lorsque les petites bêtes sont bien sèches, ce qui a

lieu ordinairement au bout de huit jours, surtout pendant l'été, on enlève avec soin les petites bandes de papier, avec des pinces, on saisit la partie du fil qui dépasse le thorax et on soulève délicatement l'insecte, en ayant soin de ne pas lui briser les pattes; on le pique ensuite dans une boîte garnie de moelle de sureau ou de soleil, en attendant qu'on lui fasse subir sa dernière préparation, pour être placé dans la collection.

On conçoit très-bien que si les épingles fines se piquent difficilement dans du liége sans se tordre ou se courber, à plus forte raison ne peut-on pas y piquer notre fil de platine; voici comment on s'y prend. On fait provision de moelle de différentes plantes; la meilleure de toutes est celle du *Corchorus Japonicus*, arbuste assez répandu dans les jardins; on choisit les tiges ayant au moins un centimètre de diamètre, on les coupe par tronçons de 12 à 15 centimètres de longueur, puis avec une tige ronde en métal, on pousse la moëlle par un bout, et elle sort tout entière par l'autre; on la redresse si elle s'est courbée et on la laisse sécher. Vient ensuite la moelle du sureau que l'on doit choisir la plus blanche et la plus compacte possible, sans être dure; celle du grand soleil peut aussi servir; elle est très-fine et très-blanche, mais malheureusement souvent molle et spongieuse, ce qui empêche l'épingle de bien tenir. M. le docteur Laboulbène indique aussi la verge d'or (*Solidago virgaurea*),

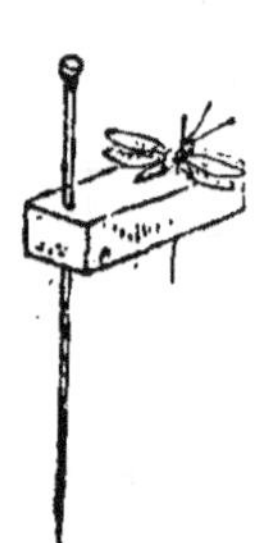

Fig. 9.

mais nous ne pouvons rien en dire, ne l'ayant jamais employée ; d'ailleurs, cette plante n'est pas répandue partout, ce qui rendra son emploi assez restreint. Enfin, quelle que soit la moelle dont on disposera, on la coupera, quand elle sera sèche, en petits parallélipipèdes de dix à douze millimètres de longueur, et de quatre à cinq sur chaque face, on les traversera à une extrémité avec une épingle de support n° 5, puis, on piquera le petit lépidoptère sur l'extrémité libre de manière à ce que le fil dépasse un peu la surface inférieure. L'opération est terminée et l'insecte peut être facilement piqué dans la collection. (Voy. fig. 9.)

Pour pouvoir couper la moelle bien nettement, il faut se servir d'une lame de couteau ou de canif très-mince ; car si le dos de l'instrument est large, la moelle éclate au lieu de se couper nette. Un morceau de ressort de pendule, bien aiguisé et apointé, est excellent à défaut d'autre. Les entomologistes qui s'occupent de différents ordres d'insectes, pourront préparer de cette manière les plus petits diptères, hyménoptères, hémiptères etc. ; ce moyen assure leur parfaite conservation pendant longtemps.

Il ne nous reste plus qu'à décrire l'étaloir dont nous nous servons maintenant ainsi que plusieurs de nos collègues. Pour mieux nous faire comprendre nous en donnons ci-dessous une figure de grandeur naturelle pour les plus petites espèces. Il est très-facile à construire, puisqu'il ne se compose que d'une petite planchette et de deux bandes taillées en équerre, le tout assemblé avec des pointes enfoncées par-dessous,

3.

ou collé avec de la colle forte. L'intervalle entre les équerres est rempli avec de la moelle de sureau ou de soleil que l'on y fixe avec de la colle. La surface

Fig. 10.

de l'étaloir est plane, et non oblique comme dans les grands étaloirs, ce qui permet de la dresser facilement, soit avec un rabot, soit avec une lime ; on achève de la polir avec du papier de verre très-fin, et ensuite en la frottant avec un morceau de talc, dit craie de Briançon. Cette substance minérale est onctueuse comme un morceau de savon dur, ce qui facilite le glissement des ailes, aussi bien que sur du verre. On fera bien de renouveler cette opération chaque fois que l'on se servira de l'étaloir. La rainure du milieu sera proportionnée à la grosseur du corps de l'insecte; c'est-à-dire, qu'elle aura depuis un jusqu'à trois millimètres de largeur ; mais il faut surtout observer qu'elle doit toujours avoir au moins cinq à six millimètres de profondeur, quelle que soit sa largeur, parce que beaucoup d'espèces de micros ont les pattes très-longues, et qu'il faut de la place pour les loger, sans cela on risque fort de les briser.

Le bois dont on se servira sera de peuplier ; on le choisira exempt de nœuds et de veines, et susceptible d'être bien poli ; la longueur de ces étaloirs est de 25 centimètres.

Notes complémentaires au Guide de l'amateur d'insectes.

Nous ajouterons à ce qui a été dit dans le Guide de l'Amateur, page 192, au sujet de la conservation des collections, que l'emploi de parties égales en volume de benzine et d'acide phénique, est le préservatif le plus efficace de tous ceux préconisés jusqu'à présent. On met ces deux substances dans un flacon hermétiquement bouché, on agite et la dissolution est bientôt faite. Pour s'en servir, on en imbibe un morceau d'éponge, ou un tampon de coton ou d'amadou, de la grosseur d'une noisette, on le traverse d'une forte épingle que l'on pique dans un coin de la boîte.

Cette préparation, dit M. le docteur Laboulbène, auquel nous devons ce procédé, a l'avantage de former une atmosphère de vapeur de benzine qui tue ou chasse les insectes immédiatement, et puis, l'acide phénique imbibant l'éponge, produit en se volatilisant une atmosphère protectrice dont l'action est durable pendant un ou deux mois.

Nous prévenons les débutants que ce liquide est caustique pour la peau des doigts, et qu'il faut éviter de s'en servir près du feu et d'en approcher une bougie, car il est extrêmement inflammable et détonant.

Nous dirons encore que nous avons vu quelques amateurs qui après avoir étalé leurs chasses, accrochent simplement leurs étaloirs aux murs de leur cabinet, et les laissent ainsi pendant quinze jours ou un mois, non-seulement exposés à la poussière, mais encore, ce qui est plus grave, formant un appât tout préparé pour les insectes rongeurs. On est souvent tout étonné de voir un papillon bien frais, nouvellement piqué dans la collection, attaqué et détruit de préférence aux anciens; c'est que l'on a mis tout bonnement le loup dans la bergerie.

Il est donc important, d'abord : de bien nettoyer ses étaloirs chaque fois que l'on aura besoin de s'en servir, de passer un pinceau imbibé de benzine sur la bande de liége ou d'agavé, refuge ordinaire des acarus, des jeunes larves de psoques et d'anthrènes, et lorsque l'étaloir est garni, de le renfermer dans une boîte bien close ou dans une petite armoire spéciale dans laquelle on tiendra toujours un morceau d'éponge imbibé de phénico-benzine.

Nous avons en outre l'habitude, non seulement pour les insectes que nous préparons, mais surtout pour ceux que nous recevons de nos correspondants, de leur faire subir une quarantaine dans une boîte à fond de liége, bien garnie de papier blanc, dans laquelle nous n'épargnons pas notre préservatif.

On fera bien de traiter de la sorte, pendant un bon laps de temps, tous les insectes suspects; on ne les piquera dans la collection que quand on sera bien assuré qu'ils ne contiennent plus aucun ennemi. C'est avec toutes ces minutieuses précautions que l'on parviendra à assurer la bonne conservation de ses insectes.

Notre collègue et ami, M. le docteur Cartereau, de Bar-sur-Seine, prépare le flacon au cyanure, en enve-

loppant d'abord le cyanure (un morceau de la grosseur d'une noisette, 1 gramme environ), dans un morceau d'amadou, puis, ensuite, dans du coton à la
manière ordinaire. Nous avons remarqué ainsi que
plusieurs amateurs, qu'un flacon préparé ainsi, dure
beaucoup plus longtemps sec et agit plus rapidement,
parce que le cyanure ne se décompose pas si vite.

On peut aussi se dispenser de percer de trous d'aiguilles les petites boîtes à pilules dont on se sert pour
rapporter ses captures; si on a soin d'y mettre les petits papillons aussitôt qu'ils tombent au fond du flacon,
ils reviennent à la vie, se cramponnent aux parois de
la boîte, et peuvent rester ainsi pendant 24 heures
sans se détériorer. Bien entendu que l'on n'en met
qu'un dans chaque boîte.

Notre tâche est terminée; nous prions nos jeunes
lecteurs de nous pardonner quelques négligences de
style, quelques répétitions ou quelques détails qu'ils
trouveront peut-être puérils; ils voudront bien ne
considérer que notre bonne volonté de leur aplanir les
premières difficultés; c'est pour eux seuls que nous
avons écrit ce petit livre et non pour ceux qui savent;
puisse-t-il les encourager à persévérer dans cette char-
mante étude, qui sera pour eux comme elle l'est pour
nous, un dérivatif et un adoucissement aux peines
de la vie.

E. BERCE.

Fontainebleau, 1872.

ÉDUCATION DES CHENILLES

PRODUCTRICES DE SOIE

(VERS A SOIE)

Si l'étude de l'organisation et des mœurs des insectes, ou l'*Entomologie pure*, offre un grand intérêt au point de vue général de la science, l'*Entomologie appliquée* est plus directement utile, car elle sert à nous guider pour tirer le meilleur parti possible des insectes qui nous sont utiles et chercher à nous préserver des attaques de ceux qui nous nuisent[1].

Parmi les insectes utiles figurent en première ligne

1. J'ai pu former, depuis plus de cinquante ans, une collection et une bibliothèque d'entomologie appliquée qui, je l'espère, deviendront l'origine d'un *Musée d'histoire naturelle appliquée à l'agriculture, à l'industrie et au commerce*. Pour que ces utiles matériaux soient conservés et mis à la disposition de ceux qui veulent étudier l'histoire naturelle à ce point de vue pratique, complément nécessaire et logique de l'étude théorique des sciences naturelles, je viens de faire donation (en 1872) de cette collection et de ma bibliothèque d'entomologie appliquée, au Museum d'histoire naturelle, m'en réservant seulement la jouissance ma vie durant.

les Lépidoptères ou papillons qui nous donnent la soie, cette précieuse matière textile qui est devenue un objet de première nécessité chez toutes les nations civilisées.

Il est donc bon qu'après avoir donné aux personnes qui veulent se livrer à l'étude scientifique des Lépidoptères, les excellents conseils qui précèdent, on les initie, par quelques indications sommaires, aux procédés à l'aide desquels nous obtenons de certains Lépidoptères, et par l'application des principes et des connaissances scientifiques, l'un des plus riches produits de notre agriculture, cette magnifique soie qui nous fait tirer annuellement de notre sol, une valeur de plus de trois cent millions.

Ver a soie du murier. *Bombyx* (Sericaria) *Mori*.

Beaucoup de Lépidoptères donnent de la soie, mais aucun n'en produit autant que certaines espèces du groupe des Bombycides, et plus particulièrement le ver à soie *(Sericaria mori* des auteurs modernes) et quelques autres espèces du grand genre *Bombyx*.

On désigne sous le nom de *Sériciculture* (il vaudrait mieux dire *Sériculture)* l'importante application de l'Entomologie qui a pour objet de nous faire obtenir la soie par l'élevage industriel de la chenille des diverses espèces de Bombycides désignées sous le nom général et vulgaire de vers à soie.

Le plus anciennement exploité et le plus répandu est le ver à soie du mûrier, élevé de temps immémorial en Chine, et dont l'introduction en Europe, date du sixième siècle. C'est une espèce modifiée par une longue suite de générations sous l'influence de l'homme, et dont le type sauvage, comme celui du blé, est demeuré jusqu'à présent très-incertain [1].

Pour amener l'élevage du ver-à-soie du mûrier à l'état d'une vraie et riche culture industrielle, il a fallu, pour ainsi dire, réglementer la vie de la chenille pour la forcer à donner son cocon dans des conditions régulières et économiques, afin que les sériciculteurs qui se livrent à son élevage en grand, puissent obtenir un produit rémunérateur de cette opération agricole.

En France, on désigne ces sériciculteurs sous le nom de *Magnaniers*, du nom méridional (*Magnan*) donné au ver à soie, et l'on appelle *magnaneries* les locaux ou ateliers dans lesquels on fait l'élevage industriel de cet insecte.

Toute chambre, remise, grenier, etc., pourvu que l'on puisse y introduire beaucoup d'air, est propre à former une magnanerie. Il suffit d'y établir un système de tables superposées et à la distance d'une coudée les unes des autres, depuis le sol jusqu'au plafond. Il faut que l'on ménage des passages autour de ces tables, pour pouvoir distribuer la nourriture aux vers dont elles sont couvertes, et qu'il y ait une ou plusieurs

---

1. M. le Dr Boisduval pense que le type sauvage de mori est le B. Hutoni de l'Himalaya.

cheminées pour donner la température nécessaire et établir un tirage pour l'aération de l'atelier.

La graine, ou les œufs, ayant été conservés convenablement l'hiver, on procède à leur incubation à l'époque où les bourgeons des mûriers commencent à se gonfler, afin que l'éclosion des vers coïncide avec l'apparition des jeunes feuilles. Cette incubation doit commencer à 14 degrés Réaumur (17 centigr.) et, en augmentant d'un degré par jour, s'arrêter à 20, jusqu'à l'entière éclosion des vers.

Ces vers étant recueillis ou *levés*, en terme de magnanerie, à l'aide de jeunes feuilles placées sur eux chaque matin, sont nourris pendant le premier âge, (de la naissance à la première mue) avec de la feuille tendre coupée menu. A cet âge, il ne faut pas trop compter les repas et l'on doit les renouveler quand on voit que la feuille précédemment donnée, commence à se dessécher. Ordinairement huit à dix distributions ou repas par 24 heures suffisent.

Pendant cet âge, on maintient la température entre 20 et 19 degrés Réaumur et l'on s'oppose à la trop grande sécheresse en arrosant de temps en temps la magnanerie ou en tenant un vase plein d'eau sur les calorifères ou cheminées.

Comme tous les œufs n'éclosent pas le même jour, on est obligé de faire chaque jour une nouvelle *levée*, qu'il est très-essentiel d'élever séparément des autres, ce qui fait que, dans une éducation bien conduite, on a plusieurs divisions de vers. Cette catégorisation des vers est très-importante, et voilà pourquoi : si les vers n'arrivaient pas tous ensemble à la mue ou sommeil, il s'en trouverait qui auraient encore besoin de manger, lorsque leurs voisins seraient endormis. Or, comme le ver endormi reste immobile sous la feuille, il serait bientôt recouvert d'une couche de litière par les repas qu'il faudrait donner aux vers non encore endormis, ce qui nuirait gravement à leur santé. On évite cet inconvénient en conservant le plus d'égalité possible, et à tous les âges, parmi les vers de chaque division. Arrivant, à très-peu près, tous ensemble au sommeil, ils arrivent aussi ensemble à la montée ou formation des cocons. En maintenant cette égalité des vers, on évite des pertes de main-d'œuvre et de feuilles, et surtout on diminue les causes de maladies et de déchet dans le rendement de l'éducation.

Quand les vers approchent de la mue ou sommeil, ce que l'on reconnaît à leur peau plus tendue sur le corps et plus luisante,' et à leur tête très-petite relativement, on doit les *déliter*, c'est-à-dire les enlever de la couche de feuilles non mangées ou litière, pour qu'ils dorment *sur le propre*, et leur donner des repas moins abondants, attendu que leur appétit diminue toujours à l'approche des mues.

Dès qu'ils sont tous endormis, il faut cesser de leur donner et tenir toujours l'atelier à la même température, en évitant la trop grande dessication de l'air.

Le *délitement* des vers se fait industriellement au moyen de filets de fil ou de papier. Ces derniers sont plus économiques, ils consistent en longues pièces de papier gris collé, percées de trous plus ou moins grands, suivant l'âge des vers à déliter. Ces filets sont placés sur les vers qui vont recevoir un repas et l'on met la feuille dessus. Aussitôt les vers, passant par les trous, montent sur la feuille, et quand ils y sont tous, après un ou deux repas, il n'y a plus qu'à enlever ces filets couverts de tous les vers, sous lesquels il ne reste que la litière, dont on se débarasse alors très-facilement.

En sortant de la première mue les vers doivent être délités et espacés ou *dédoublés*. On peut, pendant ce deuxième âge, laisser abaisser la température de un degré, mais sans qu'elle descende jamais au-dessous de 18 degrés Réaumur. La feuille doit encore être coupée mais moins menu. Le nombre des repas sera de quatre au moins et de six au plus. Un délitement à l'approche de la mue est toujours indispensable.

Il ne faut pas beaucoup d'habitude pour reconnaître le moment où les vers à soie sont bien sortis de leur sommeil. En voyant s'agiter leur partie antérieure, composée de la tête et du thorax, qui est blanchâtre tandis que le reste du corps est grisâtre et a perdu complétement cet aspect luisant du ver qui va s'endormir, on ne peut guère se tromper. Dans tous les cas, l'on doit attendre que la très-grande majorité des vers soit éveillée avant de donner le premier repas; car il a été reconnu que l'on peut, sans danger, laisser à jeun, jusqu'à 24 heures, les vers qui sortent de la mue et qui n'ont pas mangé depuis l'accomplissement de cette crise.

Dans une grande éducation et lorsqu'on est parvenu à avoir des catégories bien réglées, des vers bien égaux, il doit rester très-peu d'endormis sur la litière, quand on enlève les filets. Dans ce cas, on jette les retardataires avec la litière enlevée. S'il y en a un trop grand nombre on les garde pour en faire une catégorie séparée.

Souvent, pour éviter l'inconvénient d'un trop grand nombre de catégories, ce qui complique le service, on en réunit deux, en amenant les vers de la plus tardive à s'endormir en même temps que les autres. Pour cela on donne un peu plus de chaleur et quelques repas de plus aux retardataires, ce qui les fait avancer dans leur développement et atteindre leurs aînés.

Pour donner aux retardataires un peu plus de chaleur, il suffit de placer les tables, sur lesquelles ils se trouvent, à l'étage le plus élevé de l'appareil. En effet, comme la chaleur tend toujours à monter, les vers des tables supérieures sont plus excités que ceux dont les tables sont rapprochées du sol; ils mangent un peu plus, les atteignent ainsi en peu de temps et peuvent bientôt leur être réunis.

Au troisième âge, c'est-à-dire après la seconde mue, les vers doivent être traités de même et il faut encore couper la feuille, mais moins menu. On peut restreindre le nombre des repas à quatre et la température ne doit pas s'élever à plus de 18° R. Un second délitement devra être fait à l'approche de la mue.

Au quatrième âge, après avoir délité et dédoublé, à la sortie du sommeil, on pourra se dispenser de couper la feuille. La durée de cet âge étant un peu plus longue et la feuille n'étant plus coupée, les litières s'épaississent plus rapidement, ce qui rend nécessaire un délitement au troisième jour et un autre à l'approche de la mue. On doit tâcher de maintenir la température moyenne de l'atelier à 18 degrés, et il faut faire, de temps en temps, des feux clairs dans les cheminées pour agiter l'air et le dessécher, surtout si le temps est à la pluie et si l'on voit les vitres se couvrir d'une buée humide.

A tous les âges des vers, la véritable règle à suivre dans l'administration des repas est de les donner faibles aux premiers jours, après la naissance ou après les mues ; abondants au milieu de chaque âge et en diminuant peu à peu quand ils vont s'endormir.

Le sommeil qui termine le quatrième âge est le plus pénible et le plus long. De même qu'aux âges précédents, il a été convenable de ne donner à manger aux vers que lorsqu'ils étaient tous réveillés, cette précaution est encore plus indispensable ici. L'égalité des vers qui, à chaque âge, est nécessaire pour la bonne conduite de l'éducation, est une condition sans laquelle on ne peut espérer une bonne montée.

Pour obtenir cette égalité, il ne faut pas craindre à tous les âges, mais surtout à celui-ci, de laisser jeûner un peu les premiers vers éveillés.

A cet âge, la température extérieure étant ordinairement élevée, la grande difficulté est de conserver, autant que possible, la température de l'atelier au-dessous de 20 degrés Réaumur, et surtout de prévenir la *touffe,* c'est-à-dire la stagnation, dans l'atelier, d'un air lourd et sans circulation. On y parvient en donnant le plus d'air possible par les portes, fenêtres et autres ouvertures, en multipliant ces ouvertures s'il le faut; en faisant des feux clairs dans les cheminées, et même au milieu de l'atelier, sans trop s'inquiéter de la fumée, qui ne peut nuire aux vers.

C'est à partir de cette quatrième mue (commencement du cinquième âge) que les maladies auxquelles les vers à soie sont sujets, peuvent surtout se déclarer. C'est l'époque où l'éleveur doit redoubler de précautions et de soins, pour maintenir les meilleures conditions hygiéniques dans son atelier. Pendant cet âge critique les vers grossissent avec une rapidité telle qu'au cinquième ou sixième jour il est nécessaire de faire un second dédoublement, pour les espacer suffisamment. Comme la litière fermente et augmente rapidement, il faut faire un délitement au moins de deux jours l'un, veiller à l'aération de l'atelier et être toujours prêt à combattre une *touffe,* plus à craindre à cette époque, en employant le feu pour provoquer un mouvement dans l'air de la magnanerie.

A l'approche de la *montée,* au moment où les vers vont cesser de manger pour s'occuper de la construction de leurs cocons, la partie antérieure de leur corps acquiert une certaine transparence, ils errent sur les feuilles sans manger, cherchent à sortir des tables et montrent le besoin de trouver une place pour construire leur cocon en agitant constamment la partie antérieure de leur corps.

A ces signes le magnanier reconnaît qu'il est temps de *donner le bois* aux vers, *d'encabaner*, c'est-à-dire de former sur les tables des sortes de haies, avec des ramilles de bruyère, de bouleau, de colza ou de tout autre végétal rameux et sec, susceptible de permettre aux vers d'y trouver facilement des espaces dans lesquels ils pourront attacher leurs fils et tisser les cocons. Ces haies, ou *cabanes*, doivent former des allées, d'environ cinquante centimètres d'ouverture. Pour ne pas blesser les vers, il faut procéder avec précaution en écartant un peu ceux-ci de la place où doit se trouver le pied des bruyères qui s'arqueboutent en haut, où elles doivent être courbées et maintenues par leur élasticité. Ces cabanes ou berceaux établis, on donne de la feuille aux vers qui continuent de manger et, au bout de vingt-quatre à trente heures, les bons vers sont presque tous montés.

Quant à quelques traînards, qui restent sous les cabanes, ils périraient bientôt par suite des souillures que leur occasionnent les déjections liquides de ceux qui montent et se vident avant de commencer leur cocon. On doit les enlever à la main et en former une dernière catégorie, sur une table particulière, que l'on doit placer dans un lieu chaud et sec. On encabane immédiatement cette table et on leur donne encore quelques repas, jusqu'à ce qu'ils soient tous montés.

Il faut de 8 à 12 jours aux vers, suivant la tempéra-ture, pour qu'ils aient terminé leurs cocons et se soient métamorphosés en chrysalides par une mue, qui est la cinquième. Après ce temps on peut procéder au *dé-*

coconnage. Cette opération consiste à détacher les cocons des bruyères. On recueille ainsi une riche récolte
qui est la récompense des soins intelligents et pénibles
que les magnaniers ont dû prodiguer à ces précieux
insectes, pendant un mois et demi environ.

Les vers à soie, élevés en grand nombre dans les
magnaneries, sont sujets, comme tous les autres animaux domestiques, à des maladies causées par leur
entassement dans des lieux clos. Ces maladies sont assez nombreuses et sévissent ordinairement en cas iso-
lés, sporadiquement et d'une manière plus ou moins
intense, suivant que les éleveurs sont plus ou moins
intelligents et soigneux.

Le plus souvent ces maladies sont causées par quelque faute commise par l'éleveur, soit à l'éclosion des
œufs, soit pendant les moments critiques des mues. La
qualité de la feuille donnée, l'état de maladie des arbres sur lesquels on la cueille, sont des causes très-
graves de maladies, et, suivant moi et un grand nombre d'éducateurs de divers pays, la maladie qui a sévi
sur la plupart de nos végétaux herbacés et arbores-
cents pourrait bien être une des causes de la désas-
treuse épidémie qui règne, depuis plus de vingt ans,
sur nos vers à soie. Les entomologistes qui élèvent des
chenilles dans un but d'observations scientifiques savent parfaitement cela, ainsi qu'on l'a vu dans le travail précédent, page 22.

Quelquefois, ces maladies prennent le caractère épidémique et sévissent, pendant un plus ou moins grand

4

nombre d'années, d'une manière tellement générale, qu'elles font craindre la destruction complète de cette grande et riche production. Heureusement ces calamités passent, comme ont toujours passé les affreuses épidémies telles que la peste, le choléra, chez les hommes ; les épizooties des animaux domestiques et celles qui ont sévi de tout temps sur nos végétaux utiles. Depuis l'introduction de l'élevage des vers à soie, ces utiles insectes ont été souvent atteints par des épidémies désastreuses qui ont fait craindre leur destruction totale ; mais toujours ces fléaux, après avoir passé par les trois périodes d'accroissement, d'intensité maximum et de décroissance, se sont éteints naturellement.

Aujourd'hui (1872), les vers à soie finissent de subir une de ces désastreuses épidémies ; elle dure depuis plus de vingt ans et paraît approcher de la fin de sa période décroissante.

La statistique démontre de la manière la plus évidente l'amélioration progressive de la santé générale des vers à soie, amélioration que j'ai annoncée le premier, à la suite de mes tournées annuelles pour étudier la marche du fléau dans la grande pratique.

Ainsi dans le département du Var, par exemple, pendant que la quantité de graine employée diminue chaque année, celle des cocons obtenus augmente. C'est un fait considérable qui est constaté par le tableau suivant, résumant l'enquête faite par M. Barles, professeur départemental d'agriculture, travail consciencieux et l'un des modèles du genre.

ANNÉES.	NOMBRE d'onces de 25 gram. mises à l'éclosion.	TOTAL des kilogrammes de cocons obtenus.	MOYENNE de la production de cocons par once de graine.
1868.	19.118 1/2.	199,124.	De 10 à 11 ou 1/3 de récolte.
1869.	19.157.	355,192.	De 18 à 19 ou 1/2 id.
1870.	17.414.	361,957.	De 20 à 21 ou 2/3 id.
1871.	18.517.	454,545.	De 24 à 25 ou 3/4 id.

Dans les statistiques faites avant l'épidémie, la production moyenne des éducations, dans le Var, était de 33 kilog. de cocons par once (de 25 gr.), de graine.

Comme toujours, on a cherché, avec la plus louable énergie, *des remèdes* contre cette épidémie, connue sous le nom de *gattine*, puis appelée *pébrine*, mais tous les efforts de la pratique et de la science ont échoué. Comme toujours, aussi, de soi-disant procédés pour combattre le mal, vaincre l'épidémie, des méthodes d'apparence plus ou moins scientifique, ont semblé réussir, surtout quand on les a appliqués pendant la période décroissante de la maladie ou vers sa fin, ainsi que cela a toujours été observé par les médecins consciencieux pendant les grandes épidémies qui attaquent l'homme et les animaux supérieurs.

Plus que personne je suis partisan des études scientifiques, faites à l'aide du microscope ou autrement, et je pense qu'il est utile de les continuer et même de les étendre. Je les crois encore plus nécessaires aujourd'hui, précisément à cause des doutes que des résultats, annoncés d'une manière trop absolue, laissent dans l'esprit des savants et des hommes pratiques.

Mais, pour lutter contre ces fléaux et essayer raisonnablement d'en atténuer les désastreux effets, il n'existe encore aucun procédé meilleur que l'application intelligente des grandes lois de l'hygiène, et la recherche, pour faire cette application, de certaines localités dans lesquelles, par des raisons encore inconnues, l'épidémie est peu intense ou n'existe pas.

Après avoir donné sommairement une idée de la méthode d'élevage des vers à soie et du tort que les maladies peuvent faire à cette importante branche de l'agriculture, je crois utile de compléter ce résumé, en indiquant, encore plus brièvement, comment on doit procéder, en temps ordinaire, pour obtenir la graine destinée à la récolte prochaine.

Le choix des reproducteurs est une opération très-délicate. Il faut prendre les cocons destinés au grainage dans de petites éducations qui n'ont montré aucuns symptômes de maladies, et les choisir sur les tables dont les vers sont montés dans les premières heures de l'encabanage. On enlève soigneusement la bourre qui les enveloppe, puis, on les réunit en chapelets avec du fil, en ayant grand soin de ne pas blesser les chrysalides et on les suspend au milieu d'une chambre ni trop sèche ni trop humide, dont la température ne doit, autant que possible, jamais excéder 20 degrés Réaumur, ni rester inférieure à 15 degrés. Quelques jours après, et ordinairement de six à neuf heures du matin, les papillons commencent à éclore et s'accouplent bientôt sur ces chapelets appelés *filanes* par les magnaniers.

Au bout de six à huit heures, on sépare les couples, en pinçant le mâle et en retenant doucement la femelle. Celles-ci sont placées sur un papier où on les laisse quelques minutes pour leur donner le temps de se vider d'une matière colorée qui salirait les toiles sur lesquelles on les place ensuite pour pondre. Cette ponte étant à peu près finie au bout de vingt-quatre heures, l'opération est terminée et l'on jette ces femelles.

Il va sans dire qu'il faut rejeter impitoyablement tous les papillons mal conformés, dont les ailes ne sont pas bien développées, et dont la couleur n'est pas franchement blanchâtre. Les toiles de ponte sont laissées étendues pendant quelques jours et on ne les enferme que lorsqu'elles sont bien sèches et que les œufs, d'abord pâles, puis jaune-jonquille de plus en plus foncé, sont arrivés à la couleur gris-ardoise.

Pendant tout l'hiver, il suffit de tenir ces toiles, pliées en deux ou trois doubles, suspendues au plafond d'une chambre fraîche, mais sans trop grande humidité. Il est bon de leur laisser sentir le froid, car c'est une condition essentielle à la bonne conservation de la graine et de son éclosion aux époques voulues.

Avant de terminer ce rapide résumé, je crois qu'il est utile que je donne une idée très-sommaire du produit que l'on peut obtenir d'une éducation faite dans les conditions les plus ordinaires, avec la feuille produite par une plantation d'un hectare de mûriers par exemple.

D'après M. De Gasparin, un hectare de mûriers en plein rapport donne 13,000 kilog. de feuilles.

Comme il faut faire consommer 25 kilogrammes de feuille pour avoir un kilogramme de cocons, le produit des 13,000 kilog. de feuille est de 520 kilog. de cocons.

Au prix minimum de 6 fr. le kilogramme, cette récolte donne un produit de 3,120 fr.

De grands détails sur l'éducation des vers à soie ont été donnés dans une foule de traités publiés en France et à l'étranger. Un résumé suffisant de tout ce qu'il est nécessaire de connaître à ce sujet se trouve dans un petit manuel que j'ai publié en collaboration avec M. Eugène Robert, sous le titre de *Guide de l'éleveur de vers à soie, Résumé du cours de sériciculture pratique fait à la magnanerie expérimentale de Sainte-Tulle.* On fera bien aussi de consulter un ouvrage, récemment publié, le *Dictionnaire Séricologique*, dû à un sériciculteur plein de savoir, M. le docteur Luppi; dans ce livre, l'état actuel de la sériciculture est présenté avec autant de talent que d'impartialité.

VER A SOIE DU VERNIS DU JAPON OU AILANTE *Bombyx* (attacus) *Cynthia*, VER A SOIE DU RICIN (*B. arrindia*).

L'existence du ver à soie de l'ailante avait été indiquée depuis assez longtemps, et notamment, il y a environ 120 ans, par le Père d'Incarville ; mais ces indications étaient restées généralement dans l'oubli.

Cependant, en lisant les notes de ce célèbre missionnaire, à qui l'agriculture doit tant de végétaux utiles, j'avais conçu le projet de faire tout mon possible pour étudier ce ver à soie chinois et, s'il était susceptible de vivre sous nos climats européens, d'essayer de l'introduire chez nous.

C'est en 1858, que j'ai enfin pu mettre mon projet à exécution. Depuis ce moment, je suis parvenu à l'acclimater en France et à le répandre dans toute l'Europe, en Afrique, en Amérique, et jusqu'en Australie. Aujourd'hui son élevage est essayé, avec plus ou moins de succès, dans tous ces pays, et donne, dans plusieurs d'entre eux, l'espoir le plus fondé d'une réussite avantageuse à l'agriculture et à l'industrie.

Cette espèce, cultivée dans le nord de la Chine, s'accommode si bien des climats tempérés, qu'elle n'a pas tardé à se *naturaliser* en France, réalisant ainsi un fait des plus remarquables et des plus rares. En effet, ce ver à soie se reproduit seul chez nous, il est ainsi devenu une espèce indigène, tandis que l'ancien ver à soie du mûrier n'est encore qu'*acclimaté*, puisqu'il ne peut se reproduire, dans tous les pays où il a été introduit depuis de nombreux siècles, qu'avec le secours de l'homme.

Désirant ne pas sortir des limites dans lesquelles ce petit résumé doit demeurer, je m'abstiendrai d'entrer dans des détails historiques que l'on trouvera dans mes nombreux écrits sur ce sujet. Je renvoie donc ceux qui voudront approfondir cette question aux deux rapports officiels, que j'ai faits au Chef de l'Etat et au Ministre de l'Agriculture, à mon petit traité intitulé : *Éducation des vers à soie de l'Ailante et du Ricin*, qui a été traduit en Angleterre, en Italie, en Amérique ; à un grand nombre de notices, de moi et de mes nombreux élèves dans un recueil que j'ai publié pendant quatre ans (de 1863 à 1866) sous le titre de : *Revue de sériciculture comparée*, et à divers rapports publiés par ordre du ministère de l'Agriculture et du Commerce.

Comme la question n'a cessé de faire des progrès, grâce aux travaux entrepris par un grand nombre de mes élèves et collaborateurs, des perfectionnements ont été apportés aux méthodes d'élevage de ce ver à soie. L'un de ceux-ci, M. Henri Givelet, a publié à ce sujet un ouvrage remarquable, sous ce titre : *L'Ailante et son Bombyx*, dans lequel on trouve l'histoire des études scientifiques et pratiques les mieux conduites sur la culture de l'Ailante [1] et l'élevage des vers à soie.

Dans la première période des études faites pour introduire cette espèce, on a dû appliquer à son élevage

---

1. Ainsi que je l'ai établi dans ma *Revue de Sériciculture* et ailleurs, l'Ailante est une essence si avantageuse que, dans le cas, improbable aujourd'hui je crois, où l'élevage du ver à soie de l'Ailante viendrait à manquer partout, on devrait encore à ma tentative d'avoir fait connaître les grands avantages que la Sylviculture va retirer de l'emploi de l'Ailante pour boiser les plus mauvais sols, fixer les terres en pente et les talus des chemins de fer, et faire l'ornement de nos routes et promenades.

les méthodes qu'on peut appeler scientifiques, employées par des naturalistes pour élever les chenilles en vue d'obtenir des papillons très-frais pour les collections. Ces méthodes, si bien exposées, dans la première partie de ce petit livre, par M. Berce, sont toujours celles que l'on doit suivre lorsqu'on veut commencer l'acclimatation d'une espèce.

Aujourd'hui, l'on est allé plus loin, on possède l'espèce, et il s'agit de commencer à en faire l'objet d'une culture régulière et industrielle comme celle des vers à soie du mûrier, et il est démontré que la chose est possible et même facile.

Contrairement à ce qui a lieu chez le ver à soie ordinaire du mûrier, les cocons du ver à soie de l'Ailante, quand ils ont été produits après le milieu de l'été, restent sans éclore jusqu'au milieu du printemps de l'année suivante. Vers cette époque, les papillons sortent des cocons, l'accouplement et la ponte ont lieu immédiatement, et les œufs éclosent dix ou douze jours après, à la température ordinaire.

Les jeunes chenilles montent de suite sur les feuilles d'Ailante, qu'on a eu soin de placer sur les œufs, se serrent les unes près des autres, chaque fois qu'elles ne sont pas à manger sur le bord des folioles, et se tiennent constamment à leur face inférieure où elles sont abritées du soleil et des pluies.

Ces feuilles, pour les petits essais, peuvent être réunies en faisceaux dont les pétioles ou queues trempent dans des bouteilles ou autres vases pleins d'eau. Elles s'y conservent fraîches assez longtemps pour que les chenilles aient le temps de les manger. Quand elles ont achevé de consommer ces feuilles, ou que ce qui en reste se flétrit, il suffit d'approcher de ces bouquets, d'autres vases garnis de feuilles fraîches, qu'on a soin de faire toucher aux premières, et les vers ne tardent pas à passer sur les nouvelles feuilles.

On peut, en continuant ainsi, faire parcourir aux chenilles toutes les phases de leur existence et leur voir enfin, après avoir subi leurs quatre mues, faire leurs cocons en repliant une des folioles du dernier bouquet sur lequel elles ont fini de se développer.

Les différents âges de ces chenilles sont plus faciles à discerner que ceux des vers à soie du mûrier. En effet, outre la taille, elles offrent, à chaque âge, des couleurs différentes.

Arrivée à tout son développement, cette chenille est longue de 65 à 80 millimètres, d'un beau vert éme-ràude, avec la tête, les pattes et le dernier segment d'un beau jaune d'or. Elle porte, sur chaque anneau, des tubercules en forme d'épines, dont l'extrémité est d'un beau bleu outremer, et elle est couverte d'une sécrétion cireuse, formant une sorte de farine blanche, destinée à la garantir de la pluie et de la rosée et sur laquelle l'eau ne peut se fixer.

Pour tisser son cocon, cette chenille ne travaille pas tout à fait comme celle du ver à soie du mûrier, parce qu'il faut qu'elle se ménage une ouverture élastique pour la sortie du papillon. J'ai donné une idée de ce travail dans le petit traité que j'ai cité plus haut. Il suffit de dire ici que cette ouverture, ménagée pour la sortie du papillon, est cause que ces cocons ne peuvent être *décidés* en soie *grège* au moyen des appareils employés pour le dévidage ou la filature des cocons fermés du mûrier. Dans cette condition, et jusqu'à ce que l'industrie de la filature ait trouvé, comme les Chinois, un moyen pratique de les dévider, les cocons de l'Ailante doivent être assimilés à ceux du ver du mûrier ouverts par la sortie du papillon. Comme ces derniers, on les soumet à la carde et l'on en obtient des fils semblables à ceux que donnent les cocons percés du ver du mûrier, fils connus sous le nom de *Fantaisie*, *Filoselle*, etc.

Si l'on ne parvenait pas, en Europe, à trouver un moyen pratique et réellement industriel, de dévider ces cocons en soie grège, s'il fallait se borner à n'en tirer que de la *bourre de soie*, leur production serait encore avantageuse. En effet, cette matière soyeuse est très-recherchée, et les progrès de la fabrique lui donnent une valeur suffisante pour qu'un agriculteur trouve encore dans la culture de l'Ailante et l'élevage de son ver à soie, une rémunération très-convenable, ainsi que l'a démontré M. Givelet, dans le remarquable ouvrage que j'ai cité plus haut.

Les essais d'élevage en grand de ce ver à soie ont commencé depuis quelques années. Je citerai seulement en France, ceux entrepris avec succès, par MM. Givelet, Cheruy-Linguet, Maillet. Mlle Dehaut, en Champagne; M. de Milly, dans les Landes; M. Usèbe, dans le département de Seine-et-Oise; Mme Brévant, née de Morteuil, dans la Côte-d'Or, M. Juillien, dans le Cher; M. Scribe, dans le Var, etc., etc.

Ces élevages sont très-faciles à conduire ; ils se font en plein air et réussissent d'autant mieux qu'ils sont faits plus en grand. Les uns placent les œufs sur des touffes d'Ailantes d'une plantation; les autres y apportent les vers, dont l'éducation a été commencée dans des ateliers, sur des feuilles dont le pétiole trempe dans l'eau de grands baquets disposés à cet effet.

Pour mettre les œufs sur les touffes d'Ailantes, M. Givelet à imaginé de les coller sur des morceaux de papier imperméable, coupés de manière à former un entonnoir renversé que l'on fixe aux branches, en ayant soin que les œufs soient en dessous de cette sorte d'entonnoir. De cette façon, ils se trouvent abrités de la pluie. Quand les jeunes vers éclosent, ils ont bientôt monté sur les folioles voisines, et se rangent de suite en petits groupes sous leur face inférieure.

Pour ensemencer ainsi une plantation, on se rend approximativement compte du nombre de vers que chaque touffe peut nourrir, et l'on place sur elle une quantité suffisante d'œufs, plutôt plus que moins, pour compenser les pertes occasionnées par quelques insectes qui attaquent les jeunes vers et en mangent un certain nombre.

Les éducateurs qui placent sur les touffes des plantations les vers plus ou moins avancés en âge, élevés d'abord sur feuilles coupées à pétioles trempant dans l'eau, prennent facilement l'habitude de proportionner le nombre des vers à la nourriture que peut fournir chaque touffe. Pour poser ces jeunes vers, ils profitent d'un jour où il ne fait pas de vent, prennent des portions de feuilles couvertes de vers et les font tenir aux arbres, en les plaçant aux enfourchures de quelques branches, en les fixant au moyen d'épingles, ou de très-petits éclats de bois comme des allumettes, par exemple, que l'on emploie comme des épingles. Pourvu que l'on parvienne par un moyen quelconque, à faire que les portions de feuilles chargées de vers, sortant d'une mue depuis 1 ou 2 jours, tiennent quelques heures sur les arbres, les vers les quittent dès que les folioles sur lesquelles ils se trouvent, commencent à se flétrir, et il n'y a plus à s'en occuper autrement que pour empêcher, autant que possible, les oiseaux de venir dans la plantation.

Si l'on place sur les arbres de très-jeunes vers, il faut en mettre plus que si l'on attendait pour les lâcher dehors qu'ils soient arrivés à une certaine grosseur. En effet, quand ils sont sortis de la troisième mue, par exemple, certains petits insectes ne peuvent plus s'en rendre maîtres, les petits oiseaux à bec fin, qui ne prennent qu'une proie proportionnée à la petitesse de ce bec, ne peuvent avaler ces gros vers, et ils n'ont à craindre que les coucous, les geais, les pies, etc., qu'il est facile d'éloigner à coups de fusil, ou en faisant du bruit dans la plantation, surtout de grand matin, ainsi que le pratiquent les Chinois.

Dans une plantation un peu considérable il y a un grand avantage à faire garder l'éducation, ce qui est une faible dépense. Ce gardien, homme ou femme, doit ramasser les vers qui descendent des rameaux qu'ils ont complétement dépouillés, il porte sur des touffes, qui n'en ont pas reçu assez, ceux qui se trouvent en trop sur d'autres touffes ; en un mot, c'est une main-d'œuvre minime appliquée à cette culture, mais qui n'est rien en comparaison de celle que nécessite l'élevage du ver à soie du mûrier.

Parmi les agriculteurs qui commencent à pratiquer l'élevage en grand de mon nouveau ver à soie de l'ailante, je citerai M. Usèbe, ingénieur civil, chimiste, fabricant de matières colorantes ; il a fait une plantation de trois hectares d'Ailantes, dans des terrains dépendant du château de Milly, par Maisse (Seine-et-Oise), ligne de Corbeil à Montargis.

M. Usèbe a fait sa plantation, en 1866 et 1867, dans un terrain de sable siliceux, très-léger, qu'il était impossible de boiser avec les essences ordinaires, et où le chêne, gelant presque tous les ans, ne peut s'élever et reste le plus souvent à l'état buissonneux.

Dans ce terrain, d'une valeur à peine de 400 ou 500 francs l'hectare, les ailantes ont prospéré tellement, qu'à la quatrième année, après avoir recépé ses arbres à la suite des grandes gelées, il a obtenu pour chaque souche, trois ou quatre rejets de 2 mètres à $2^m,50$ de hauteur, en moyenne, et, dans bien des cas, de $3^m,50$.

M. Usèbe a commencé ses éducations en 1869, avec 30 grammes de graine que lui avait fournie M. Givelet, et un petit lot envoyé des Landes, par M. de Milly, ce qui lui a donné 4,300 cocons.

En 1870, il a fait 830 grammes de graine, beaucoup plus qu'il ne lui en fallait pour ensemencer ses 3 hectares de plantations.

Les cocons, recueillis à partir du 18 août, avaient été déposés dans la cave pour y passer l'hiver, mais il a fallu les abandonner à la suite de l'occupation prussienne. Mal soignés, pendant l'absence de M. Usèbe, en partie gâtés par l'humidité, et mangés par des rats, ils ont cependant donné encore beaucoup de graine en 1871 (2,367 grammes). Ayant garni sa plantation, M. Usèbe a abandonné une grande partie de ces graines. En définitive, et quoique ayant perdu un assez grand nombre de plants, par suite de l'hiver exceptionnel de 1870 à 1871, il a encore obtenu, en 1871, 750 kilogrammes de cocons, quantité qu'il regarde comme ne formant que les deux tiers de la récolte. Il pense que, si l'année avait été bonne et normale, il aurait récolté plus de 1,200 kilog. de cocons.

M. Usèbe a bien voulu me remettre un rapport, très-bien fait et suffisamment détaillé, dans lequel il a établi le compte des dépenses de tout genre qu'il a faites jusqu'ici pour sa plantation et ses récoltes, il en résulte que le prix de revient des cocons, frais et pleins, s'élève à peine à 1 franc par kilog. Ainsi, sa récolte de 1871 lui ayant donné 750 kilog. de cocons, d'une valeur minimum d'au moins 2 francs le kilog., on voit que chaque hectare lui a donné un produit de 250 francs, et que s'il avait eu récolte entière, ou 1,200 kilog. de cocons, ce produit se serait élevé à 400 francs par hectare.

Je ne dois pas omettre de mentionner ici les essais, tout à fait agricoles, de madame de Brevand, née de Morteuil, au château d'Ouges, près Dijon, qui a fait planter un hectare de terrain en Ailantes. Elle me faisait l'honneur de m'écrire, le 2 août 1869, qu'il y avait eu dans sa plantation, âgée de quatre ans, plus de cent mille vers qui avaient très-bien réussi, et qu'une gardienne avait suffi à toute la besogne. Si ces cocons se vendaient, ajoutait-elle, une infinité de personnes du pays feraient la spéculation.

Les principes généraux que j'ai brièvement exposés dans ce petit résumé s'appliquent à l'élevage des autres espèces analogues, telles que le ver à soie du Ricin, qui donne plusieurs générations chaque année et ne peut être produit que dans des régions assez chaudes pour que la végétation du Ricin, dont il se nourrit principalement, ne s'arrête jamais. Si l'on pouvait exploiter quelques-uns des grands Bombyx qui donnent de gros cocons, très-riches en soie, dans l'Amérique méridionale, tels que les B. *Aurota*, *speculum*, etc., etc., on devrait agir à peu près de même. Ceux qui se livreraient à de tels essais trouveraient des renseignements suffisamment détaillés dans les ouvrages que j'ai cités plus haut.

VERS A SOIE DU CHÊNE.

On connaît aujourd'hui cinq à six espèces, appartenant à divers sous-genres ou divisions du grand genre Bombyx, dont les chenilles vivent principalement sur diverses espèces de chêne, ce sont :

1° Le Bombyx (Antheræa) *Mylitta* des auteurs anciens ; de l'Inde ;

2° B. (Antheræa) *Pernyi*, Guérin-Méneville ; de la Chine ;

3° B. (Antheræa) *Yama-Maï*, Guérin-Méneville ; du Japon ;

4° B. (Antheræa) *Roylei*, Moore, de l'Himalaya ;

5° B. (Antheræa) *Assamensis*, Helfer ; de l'Assam, dans l'Inde anglaise ;

6° B. (Attacus) *Polyphemus* des auteurs ; de l'Amérique septentrionale.

Les trois premiers sont exploités depuis très-longtemps dans les contrées dont ils sont originaires et y donnent une matière textile qui habille des populations entières et arrive, par le commerce, sur les marchés d'Europe.

Le premier, l'*Antheræa mylitta* de Fabricius, nommé aussi, et à tort, *Bombyx Paphia*, par Linné, est élevé dans toute l'Inde anglaise, et ses énormes cocons son, récoltés dans certaines forêts et dévidés dans le payst où ils donnent la soie *Tussah*, à laquelle les fameux foulards de l'Inde doivent, dit-on, le mérite d'être presque inusables.

Cette soie Tussah a été introduite en Europe par le commerce anglais. Depuis quelques années on a commencé à importer aussi les cocons de ce Bombyx, que l'industrie lyonnaise fait dévider en France.

Ce ver à soie Tussah est polyphage, se nourrissant indifféremment de divers végétaux tels, par exemple, que certains jujubiers de l'Inde, de plusieurs arbres et végétaux herbacés (chêne, carthame, etc., etc.). Dans nos essais en France, nous l'avons parfaitement alimenté avec nos chênes indigènes, et il est possible que l'on parvienne à l'acclimater chez nous.

La seconde espèce, vit dans le nord de la Chine, et dans les parties montagneuses de ce vaste pays aux climats si divers. Il est, par conséquent, plus facile à élever en France où il trouve le même climat. Quand l'abbé Perny l'a eu introduit chez nous, j'ai montré que l'espèce n'avait jamais été décrite, et j'ai dû en présenter les caractères zoologiques, en donner une description et une figure exactes. Je lui ai imposé le nom de *Bombyx Pernyi* pour perpétuer le souvenir de l'homme plein de zèle pour le bien de son pays, qui lui a donné ce nouveau producteur de soie. En effet ces dédicaces conservent à jamais la mémoire des hommes qui se sont rendus utiles à l'humanité. Elles sont plus durables que les monuments de pierre et de bronze.

Les premiers vers à soie Pernyi ont été élevés par moi à Paris. J'ai décrit l'espèce dans un Mémoire présenté à l'Académie des sciences le 28 mai 1855. Depuis cette époque plusieurs tentatives scientifiques d'élevage ont été faites, avec plus ou moins de succès, dans diverses contrées de l'Europe, et, aujourd'hui, mon espèce semble définitivement acquise et ne va probablement pas tarder à entrer dans la période des essais sur une échelle plus développée et complétement agricoles.

Le troisième ver à soie du chêne, celui du Japon, formait aussi une espèce nouvelle. Je l'ai fait connaître pour la première fois, dans ma *Revue et Magasin de zoologie* (1861, p. 187, pl. 11, 12 et 13), sous le nom de B. (Antheræa) *Yama-maï*, du nom vulgaire sous lequel on le connaît au Japon.

Ce ver à soie est presque domestiqué dans ce pays et vit sous un climat analogue au nôtre. Le premier cocon tissé en France a été obtenu par moi en 1861. Ce premier élevage a été le point de départ de tous les travaux qui ont amené l'introduction définitive de cette précieuse espèce dans beaucoup de contrées de l'Europe où elle promet de convertir les feuilles, jusqu'alors inutiles, de nos chênes, en une excellente matière textile.

A la suite de mes premiers essais, et de leur publication, j'ai pu former un grand nombre d'élèves et de collaborateurs remplis de zèle, qui ont rapidement multiplié les essais scientifiques destinés à acclimater l'espèce. Les résultats de ces essais ont été généralement plus favorables que ceux qui ont porté sur les deux espèces précédentes; aussi a-t-on déjà commencé à entrer, dans quelques contrées de la France, de l'Italie et de l'Autriche, par exemple, dans la période des essais pratiques et des tentatives agricoles.

Il serait trop long de faire ici l'histoire des travaux entrepris par mes élèves et collaborateurs, je me bornerai donc à rappeler les noms de quelques-uns des principaux, appartenant à divers pays.

En France MM. de Lamote-Baracé, le maréchal Vaillant, de Milly, Personnat, Blain, de Bossoreille, Maumenet, de Saulcy, etc., etc. Mmes de Beaumont, Boucarut, Getaz et Dessaix, ont puissamment contribué à l'acclimatation de l'espèce, et l'on doit à M. Personnat un très-bon traité sur ce sujet. Récemment, un instituteur plein de savoir et animé d'un zèle patriotique qui l'honore, M. Vote, à Romorantin, s'est dévoué à cette nouvelle branche de sériciculture et doit être considéré comme le premier qui, en France, ait commencé à opérer sur une échelle assez grande et presque agricole. En effet, en 1871, il a récolté jusqu'à 12,200 cocons du *B. Yama-maï*, et il va puissamment contribuer au développement de cette industrie naissante, car il distribue de grandes quantités d'œufs acclimatés de cette précieuse espèce.

En Autriche, plusieurs agriculteurs se sont dévoués à des essais du même genre, et M. le baron de Bretton, entr'autres, qui avait reçu de moi, en 1863, quelques œufs de cette espèce, a réussi et multiplié ses essais de telle sorte que, en 1866, il en était à la troisième génération de ses *B. Yama-maï* et obtenait déjà 4,000 cocons qui lui avaient donné environ 300,000 œufs.

En Angleterre, MM. Wallace et Ward se sont occupés avec succès de l'acclimatation et de l'introduction de ce ver à soie, et ils y ont tellement réussi qu'ils en tarderont pas à arriver aux essais agricoles.

Les cocons du *B. Yama-maï* sont tout à fait semblables à ceux du Mûrier de nos plus belles races. Ils sont fermés comme eux et peuvent être dévidés dans les mêmes usines, sans qu'il soit nécessaire de chercher de nouvelles méthodes de filatures, comme il reste à le faire pour les cocons, naturellement ouverts, des

vers à soie de l'Ailante, du Ricin et des grandes espèces de l'Amérique méridionale.

Cette circonstance, et la facilité de trouver dans nos
forêts une nourriture abondante pour ces vers à soie,
me font espérer que l'élevage de cette belle espèce se
développera en France et dans toute l'Europe tem-
pérée, avec plus de rapidité.

Du reste les rapports des voyageurs et la traduction
des ouvrages que les Japonais ont publiés sur ce sujet,
sont de nature à nous encourager; car il en ressort que
l'élevage de cette espèce se fait, dans ce pays, sur une
assez grande échelle. On trouve des détails du plus
grand intérêt dans un *Traité de l'éducation des vers à
soie au Japon par Sira-Kawà*, traduit par le savant
orientaliste, M. Léon de Rosny, travail dont j'ai cité
un remarquable passage dans ma *Revue de zoologie*
(1869, p. 91). Dans le rapport publié par M. Adams,
consul d'Angleterre au Japon, sur une excursion faite
par une Commission chargée d'étudier les questions
séricicoles dans l'intérieur du Japon, on trouve des do-
cuments très-utiles sur la question de l'élevage du ver
à soie du Chêne et sur l'importance de la production
de cette soie dans ce pays.

Ce *Bombyx Yama-maï* a les mêmes mœurs que celui
du Mûrier, c'est-à-dire, que le papillon éclot quelque
temps après la formation du cocon, et que les œufs se
conservent tout l'hiver pour éclore le printemps suivant.

J'ai découvert un fait très-remarquable relativement
à ces œufs, c'est que l'embryon s'y développe quelques

jours après la ponte, et que la jeune chenille y demeure enfermée jusqu'à l'époque où les bourgeons des chênes se développent l'année suivante. Comme celle du ver de l'Ailante, la chenille revet des couleurs différentes à chaque mue. En sortant de l'œuf elle est jaune avec quelques raies longitudinales noires. Aux autres âges elle prend la couleur verte de plus en plus intense, et les tubercules de ses anneaux prennent des couleurs différentes. Au dernier âge, ces tubercules s'effacent presque complétement, il se montre sur les côtés des trois ou quatre anneaux qui suivent les segments thoraciques portant les pattes écailleuses, des taches argentées très-brillantes et plus ou moins grandes.

Quand elle est prête à faire son cocon, cette magnifique chenille est encore plus grande que celle du ver à soie de l'Ailante. Alors, elle rapproche quelques-unes des feuilles des rameaux sur lesquels elle a été nourrie, et y construit un gros cocon d'un jaune verdâtre et de la même forme que ceux du Mûrier.

Les procédés d'éducation scientifique de cette espèce ne diffèrent pas de ceux que j'ai indiqués pour le ver à soie de l'Ailante, et il faut aussi nourrir les chenilles sur des rameaux dont le pied trempe dans l'eau ou dans du sable humide. Les Japonais commencent leurs éducations de la même manière. Ils pratiquent près de la maison, des fosses qu'ils remplissent de balles de riz ou de tous autres menus objets; tout cela est rempli d'eau et recouvert d'une natte, à travers laquelle ils font passer les branches de chêne sur lesquelles ils élèvent d'abord les jeunes vers.

Jusqu'à présent beaucoup d'expérimentateurs ont eu à se plaindre de maladies qui atteignaient leurs vers, aux derniers âges, et les faisaient tous périr. Ces chenilles montraient de petites taches livides, qui s'élargissaient, se réunissaient en devenant noires, et les vers mouraient et finissaient par se résoudre en une sanie noire et fétide, comme celle des vers à soie ordinaire morts de la gattine ou de la flacherie.

On avait d'abord pensé que ces Yama-maï étaient atteints de la gattine et qu'il n'y avait aucun remède à opposer à ce mal.

Cependant, en voyant que des expérimentateurs réussissaient et n'avaient pas à se plaindre de cette maladie, quoique en élevant des vers provenant de la même graine, on a pensé que cette affection avait peut-être d'autres causes que l'influence épidémique actuelle. On a appris que M. le baron de Bretton n'avait pas à se plaindre de cette affection et annonçait la prochaine publication du procédé à l'aide duquel il en préservait ses Yama-maï. Malheureusement, il n'a encore rien publié à ce sujet, mais d'autres observateurs ont cherché, et il est probable qu'ils ont trouvé, puisqu'ils sont arrivés à obtenir, comme M. Vote, par exemple, des récoltes magnifiques.

L'un d'eux, un observateur très-instruit et très-consciencieux, M. Ernest de Saulcy, à Metz, s'il n'a pas trouvé le secret si bien gardé par M. de Bretton, est arrivé à des réussites parfaites. Il s'est généreusement empressé de divulguer ce qu'il croit, avec juste raison, être la première cause de ses succès. C'est bien simple;

mais il fallait le trouver, et surtout le dire. M. de Saulcy emploie pour nourrir ses vers du chêne, des branches couvertes de feuilles venues sur du bois de deux ans au moins, évitant avec grand soin, de leur donner des jeunes pousses venues sur des rejetons de l'année.

Les feuilles des rameaux d'au moins deux ans sont plus petites, mais moins aqueuses. On doit prendre ces rameaux sur des arbres déjà faits et éviter ces rejetons charnus provenant de cepées de l'année.

Un de nos collègues de la Société Entomologique, M. E. Deyrolle, a également obtenu d'excellents résultats sans prendre garde aux feuilles qu'il donnait à ses élèves. Au moment de leur éclosion, il leur donnait des bourgeons de chêne hachés faute de feuilles ; puis, lorsque les vers étaient plus grands, il arrosait largement les feuilles soir et matin, avec une brosse ou même un balai. Il a remarqué que les chenilles, surtout après la troisième mue, humaient avidement les gouttelettes d'eau qui restaient sur les feuilles, et il obtenait, grâce à ce procédé, un rendement considérable, tandis que de la même graine, dont les larves étaient élevées avec des feuilles bien sèches, la plupart mouraient après la troisième mue ; malgré tout ce que ce procédé paraît avoir d'étrange, nous croyons devoir le signaler, car cette expérience a été faite par un entomologiste scrupuleux, un observateur consciencieux.

Il est probable que ce qui précède doit être applicable au ver du chêne de la Chine, à mon *B. Pernyi* et à toutes les autres espèces sauvages analogues, telles que le *B. Roylei*, le *B.* (Attacus) *Polyphemus* de l'Amérique du Nord, etc.

Comme je l'ai dit en commençant, la soie de ces diverses espèces habille les populations de l'Inde et de la Chine. Celle du *B. Pernyi* est brune comme celle nommée Tussah, mais celle du Yama-maï diffère seulement de la soie blanche du mûrier par une très-légère teinte verte. Un fait très-curieux, particulier à cette dernière soie, c'est qu'elle prend la teinture d'une manière différente de celle du mûrier, en sorte qu'un tissu composé de ces deux soies, dont certains dessins sont faits avec celle du Yama-maï, présente ces dessins d'une nuance différente, quoique la pièce ait été trempée dans un bain ne contenant qu'une seule couleur.

J'aurais encore à parler d'un grand nombre d'autres Bombyx susceptibles d'être acclimatés en Europe et en Algérie, ou dans nos colonies africaines et américaines, mais je n'ai pu tenter de nouveau l'introduction de ces espèces, telles que le *B. Roylei* et le gigantesque *B. Atlas*, tous deux de l'Himalaya, celui que j'ai publié sous le nom de *B. Faidherbia Bauhiniæ*, découvert au Sénégal par le général Faidherbe, que passagèrement, sans pouvoir recevoir de nouveaux sujets vivants pour recommencer mes essais. Du reste, les procédés scientifiques d'élevage de ces espèces, si l'on parvient à les essayer de nouveaux, ne peuvent être que semblables à ceux que M. Berce a si bien fait connaître dans la première partie de ce travail, ou que j'ai indiqués dans le cours de ce résumé.

E. F. GUÉRIN-MENEVILLE.

TABLE DES MATIÈRES

FIN DE LA TABLE DES MATIÈRES.

FONTAINEBLEAU. — IMPRIMERIE DE ERNEST BOURGES.

USTENSILES

POUR LA CHASSE DES INSECTES, LEUR PRÉPARATION
ET LEUR RANGEMENT EN COLLECTION.

———

	fr. c.
Acide phénique en dissolution dans la benzine. Le flacon...	1 »
Alcali volatil dans une bouteille bouchée à l'émeri, avec porte-goutte au bouchon..........................	1 »
La même bouteille, contenue dans un étui en buis...	2 »
Benzine rectifiée. Le flacon...............................	» 60
— Le litre.............................	3 »

Fig. 1.

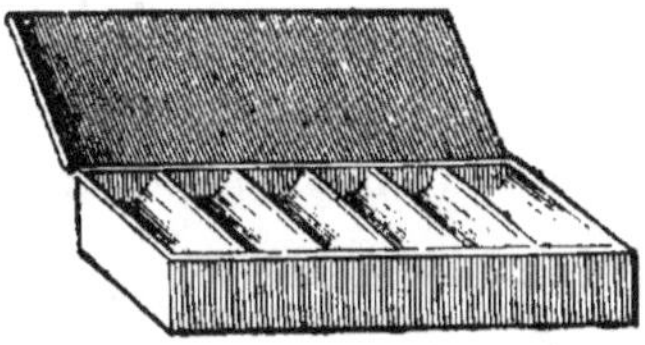

Boite à épingles (fig. 1), pouvant contenir toutes les grosseurs, sans qu'elles puissent se mélanger, même en voyage... **1 75**
La même, avec 1,000 épingles assorties............. **3 75**

Fig. 2

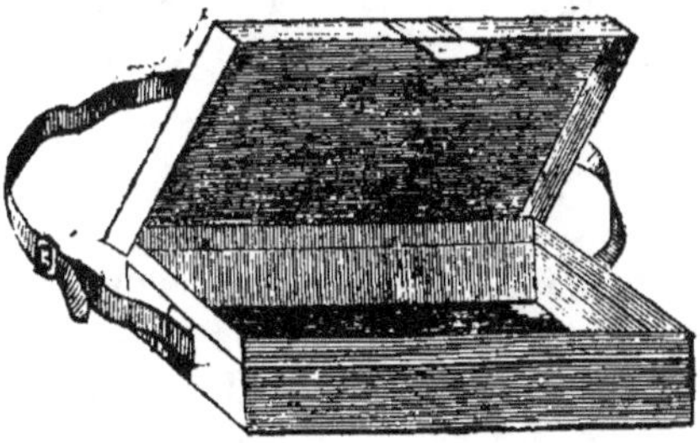

Boite carrée, en fer-blanc non verni, liégée, avec courroie
(fig. 2)... 5 »
Boite carrée, en fer-blanc verni, liégée, avec courroie
(fig. 2)....... .... 6 »

fr. c.

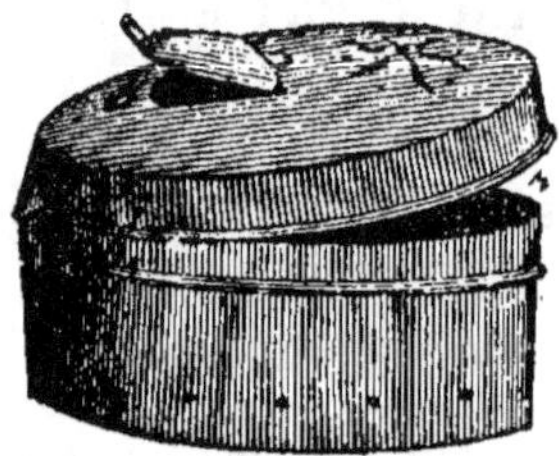

Fig. 3.

Boîte ovale, en fer-blanc (fig. 3), percée à jour, pour ré-
   colter les chenilles 1 50
Boîte ovale, même modèle, sans trous, pour Coléoptères.   1 25
Boîte de poche, ovale, en fer-blanc verni, liégée, couvercle
   à ressort, pour pouvoir ouvrir d'une seule main......   2 »
   La même, non vernie.................................   1 75
Boîte en bois, liégée, pour envois par la poste et autres.

Avec charnière en toile et crochets.

Long., 9 cent.; larg., 7 1/2 cent.; haut., 6 cent.; poids,
   55 gr...   » 35
Long., 15 cent.; larg., 9 cent.; haut., 6 cent.; poids
   115 gr..   » 50

Avec couvercle bordé.

Long., 15 cent. 1/2; larg., 12 cent. 1/2; haut., 6 cent.;
   poids, 125 gr.......................................   » 70
Long., 18 cent.; larg., 15 cent.; haut., 6 cent.; poids
   210 gr..   1 »

Nota. — La poste ne transporte en France et en Algérie, comme échantillons, que les colis ne dépassant pas 25 centimètres dans leur plus
grande dimension et 300 grammes comme poids. Les échantillons, même
déclarés sans valeur, ne peuvent être envoyés de France à l'étranger.

	fr. c.
Long., 24 cent.; larg., 22 cent.; haut., 6 cent., poids 400 gr....................................	1 25

Bouteille en toile métallique, avec tube, traversant le bouchon, pour récolter les insectes velus ou squammeux.   2 50

Bouteille en verre, à large goulot, avec tube traversant le bouchon....................................   » 50

Bouteille en fer-blanc, avec tube......................   1 »

Cadre en bois, avec papier fort, tendu dessus, imprimé et découpé, pour coller les petits insectes............   » 50

    La carte sans l'encadrement en bois et pas découpée..   » 25

Carton liégé, pour ranger les insectes en collections, recouvert en papier marocain grenat verni, avec filets verts. *(Nous pouvons garantir la parfaite exécution de ces cartons fabriqués dans nos ateliers.)*

    de 26 cent. sur 19 cent. 1/2; profondeur 6 cent......   2 »

    —   —   —   —   dessus vitré.   2 25

    —   —   —   —   tout en bois.   2 25

    de 39 cent. sur 26 cent.; profondeur 6 cent.........   3 »

    —   —   —   —   dessus vitré.   3 50

    liégé sur fond et couvercle, de 26 cent. sur 19 cent. 1/2 profondeur 9 cent....................................   3 25

    Pour obtenir une fermeture tout-à-fait hermétique, nous faisons garnir la gorge de ces cartons en velours de coton; en plus :

    par boîte de 26 cent.....................................   » 25

    par boîte de 39 cent.....................................   » 40

    Ces mêmes cartons recouverts extérieurement, sous le papier maroquin, d'un revêtement de papier d'étain, pour garantir contre l'humidité, 75 c. en plus.

Carton ovale pour la poche, avec fond d'agavé apparent :

    de 18 cent. sur 9 cent., profondeur 6 cent...........   1 25

    de 13   —   8   —   —   ....   1 »

    de 9   —   4   —   —   ....   » 75

Cadres pour collections de Lépidoptères et autres insectes.

    Après avoir étudié tous les systèmes de cadres déjà employés, nous nous sommes convaincus que le bois de cédrat qui ne *joue* pas et dont l'odeur seule suffit pour éloigner les insectes destructeurs, devait être employé à l'exclusion de tout autre; il dispense, pour conserver les collections, d'employer ces ingrédients tour à tour préconisés, puis rejetés, qui finissent toujours par altérer les insectes; nous avons en outre adopté un système de fermeture hermétique, qui ne permet ni à la poussière, ni aux destructeurs d'y pénétrer; en employant ces boîtes, dont l'expérience nous à montré l'excellence, car plusieurs centaines ont déjà été construites dans nos ateliers, l'on mettra les collections d'insectes à tout jamais à l'abri de la destruction, et les types si précieux pour l'étude seront sûrement conservés; elles seront sur tout indispensables dans les pays chauds ou humides.

Pour le classement des collections et les remaniements, elles ont un avantage considérable sur celles fabriquées jusqu'ici, car nous sommes parvenus à les tailler avec une telle précision, qu'elles sont toutes assez exactement de la même dimension pour être changées indistinctement de casier, ce qui permet de faire des additions aux collections sans être obligé de remanier les insectes contenus dans toutes les autres boîtes.

La face de la boîte est en vieux chêne avec encadrement et boutons ébène; prises par quantités. la boîte.......... 14 50
Les casiers pour 10 boîtes, avec façade en chêne, pouvant être réunis et former meuble................... 30 »
Crible pour fourmilières, tout en toile, de très-petit volume, grand modèle........................ 5 »
petit modèle.................................... 2 50
— avec sac en toile, ajusté sur un collier en fer-blanc, recevant ce qui tombe du tamis................ 5 »

Fig. 4.

Écorçoir ordinaire (fig. 4), pour chercher les chrysalides et les insectes....................... 2 50
—   poli, manche verni................ 3 50

fr. c.

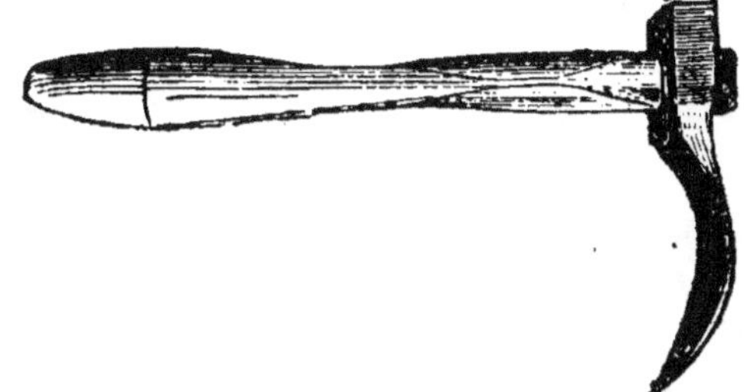

Fig. 5.

Écorçoir en pioche (fig. 5), emmanché verticalement......   4 50

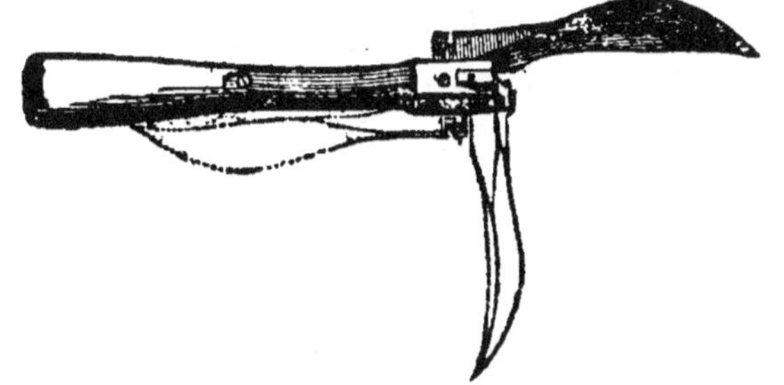

Fig. 6.

Écorçoir pliant (fig. 6), dont la lame peut être arrêtée
verticalement ou horizontalement, et même repliée le
long du manche..................................   8 »
Épingles camion, pour fixer les étiquettes. Le mille......   » 60
Épingles d'acier avec tête en émail, pour étaler les insectes. Le cent.....................................   » 75
Épingles à insectes, perfectionnées (fig. 7), fabrication française :
de 36 ou 42 mil. de longueur, nos 1 et 10, le mille....   3 »
                         2 et 9   — 2 50
                         3,4,5,6,7,8—   ....   2 »

		fr.	c.
Épingles à insectes (fig. 7), fabrication d'Autriche :			
de 36 mil. de longueur, nᵒˢ 1 le mille.........		5	»
2 —		4	50
3 et 8 —		4	»
4, 5, 6, 7. —		3	»

Fig. 7.

Fig. 8.

Étaloir ordinaire (fig. 8), longueur 40 c.

Nᵒˢ						fr.	c.
1. largeur 22 mil., rainure 2 mil.................						1	25
2. — 44 — 4....................						1	25
3. — 66 — 6....................						1	25
4. — 88 — 8....................						1	25
5. — 110 — 10....................						1	50
6. — 132 — 12....................						1	50
7. — 154 — 14....................						1	75
8. — 176 — 16....................						1	75

fr. c.

Étaloir évidé, nouveau modèle, très-léger, indispensable
pour le voyage (fig. 9).

Nos 0. largeur 15 mil., rainure 1 mil.............. 1 50
    1. — 22   —   2.................... 1 50
    2. — 44   —   4.................... 1 50
    3. — 66   —   6.................... 1 50
    4. — 88   —   8.................... 1 50
    5. — 110   —   10.................... 1 75
    6. — 132   —   12.................... 1 75
    7. — 154   —   14.................... 2 »

Nota. Les nos 0 et 1 sont destinés aux Microlépidoptères.

Fig. 9. — Coupe de l'étaloir placé sur le coulisseau.

Coulisseau pour maintenir l'étaloir pendant qu'on s'en sert. 1 50

Pour le voyage nous avons fait construire des boîtes qui contiennent des étaloirs de différents numéros, un carton pour piquer les papillons qu'on retire des étaloirs, et tous les autres
petits instruments indispensables, tels que pinces, boîte à épingles, aiguilles, épingles d'acier à tête d'émail.

Les étaloirs se trouvent assujettis dans cette boîte de telle
sorte qu'ils ne peuvent bouger. Afin d'amortir les chocs et d'éviter le bris qui en résulterait, cette boîte est renfermée dans une
petite malle capitonnée à l'intérieur, avec coins, poignée et ser-
rure en fer. N'ayant extérieurement que 0ᵐ37 sur 0ᵐ30 et 0ᵐ32
de hauteur, elle peut être tenue à la main et prendre place en
wagon à côté du voyageur.

La boîte et la malle avec étaloirs....... .... 30 »
—   —   sans les étaloirs............. 15 »
Ether nitrique, pour la chasse des Lépidoptères, le flacon. 2 50

(Voir pour cette chasse : *Petites nouvelles entomologiques,*
n° 36 et 37.

fr. c.

Étiquettes de signes mâle et femelle, ♂♀, la douzaine de
    feuilles .... 1 »
Étiquettes papier blanc avec filets et cadres imprimés de
    différentes couleurs ; format nᵒ 1. 40 sur 15 mil., le mille   2 50
                     2. 35 — 12   —   2 »
                     3. 30 — 10   —   1 50
Étiquettes pour titres au dos des cartons. Le cent....... 2 50

Fig. 10.

Filet fauchoir fort, cercle en fer plat, se pliant transversa-
    lement.................................... 12 50
Filet fauchoir ordinaire (fig. 10), se pliant longitudinale-
    ment.................................... 6 50
    Les mêmes avec pique en fer.............en plus 2 50
Filet à papillons, sac en crêpe lisse de soie, grand modèle,
    le cercle pliant en deux............. 4 50
—   grand modèle, le cercle pliant en quatre. 5 »
—   petit modèle, le cercle pliant en deux... 3 50
—   —   —   en quatre.. 4 »
—   sac séparément, grand modèle......... 2 75
—   —   petit modèle.......... 1 90
—   ordinaire, cercle ne se pliant pas, sac en
    tulle...................... 1 25
—   —   —   sac en crêpe lisse. 1 75
—   nouveau modèle, avec double écrou, po-
    che en soie, grand modèle........... 6 »
Filet à larges mailles pour secouer les feuilles sèches..... 5 »
    — demi-cercle en baleine pour récolter les insectes cou-
    rant sur les arbres...................... 2 50
    — très-petit modèle, pour pêcher dans les ornières
    (modèle Aubé)........................ » 75
Fil argenté pour Microlépidoptères. La bobine......... 2 »

	fr.	c.
Gibecière en toile pour emporter les instruments de chasse, avec triple compartiment...................	5	»
Gomme arabique préparée avec acide phénique. Le flacon.	1	»
Insufflateur, pour l'éducation des chenilles (*page 23*)....	3	»
Liége en plaques de 42 sur 11 ; épais, 7 mil. La douzaine.	5	»
— 39 — 11 ; — 7 —	4	50
— 32 — 11 ; — 4 —	3	»

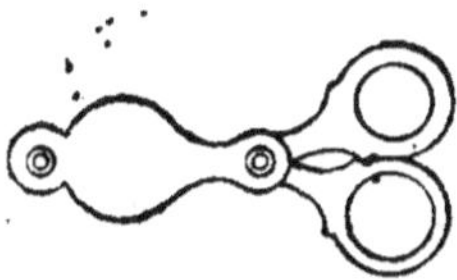

Fig. 11.

Loupe, monture en corne, un verre 20 mil. de diamètre.	2	»
— — — 28 mil. —	3	50
— — — 30 avec diaphragme	5	»
Loupe, monture en corne, deux verres 20 mil. ordinaire (fig. 11).	3	»
— — — 20 mil. avec diaphragme ...	6	»
— — — 28 mil. ordinaire.	4	»

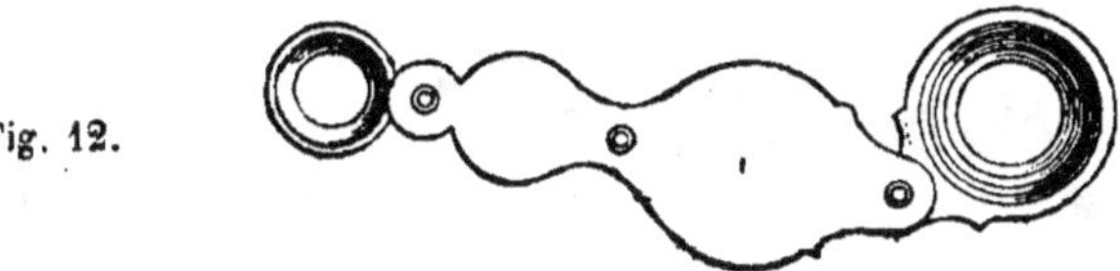

Fig. 12.

Loupe, monture en corne, deux verres 15 et 30 mil. ordi.	4	50
— — — 20 et 35 mil. avec diaphragme (fig. 12)......	8	»
Loupe, monture en corne, trois verres 20 mil. ord. (fig. 13)	5	»
— — — 20 mil. avec diaph.	10	»

fr. c.

Loupe Stanhope (très-fort grossissement), monture mail-
lechort (fig. 14)...................   4 50

Fig. 13.   Fig. 14.

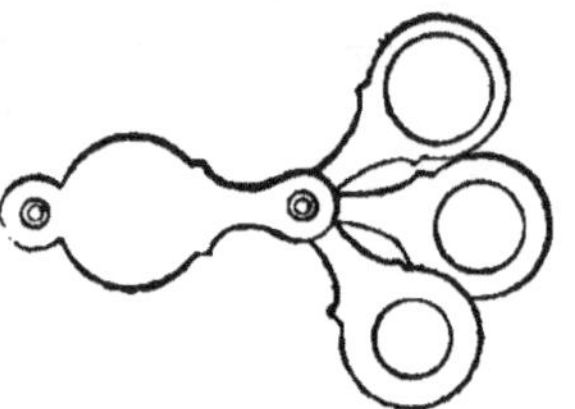
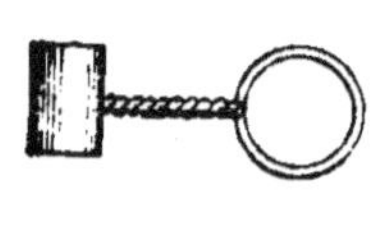

Loupe Stanhope monture en cuivre sans anneau........   5   »

Fig.

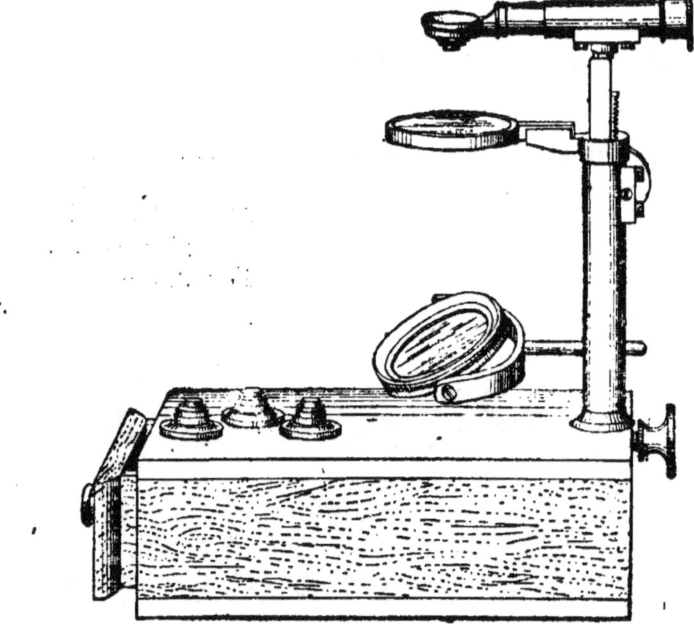

Microscopes simples avec 4 lentilles, réflecteur, pince, aiguilles, etc. (fig. 15)............................   40   »

Cet instrument suffit parfaitement pour l'examen de toutes les parties des plus petits insectes; très-facile à manœuvrer, simp e et commode, d'une exécution perfectionnée, il est indispensable pour les études entomologiques.

Miscroscopes complets de tous grossissements. (Voir le catalogue spécial.)

Moelle préparée pour piquer les insectes de la plus petite taille, (suivant la méthode de M. le Dr Laboulbène). Le cent... 1   »

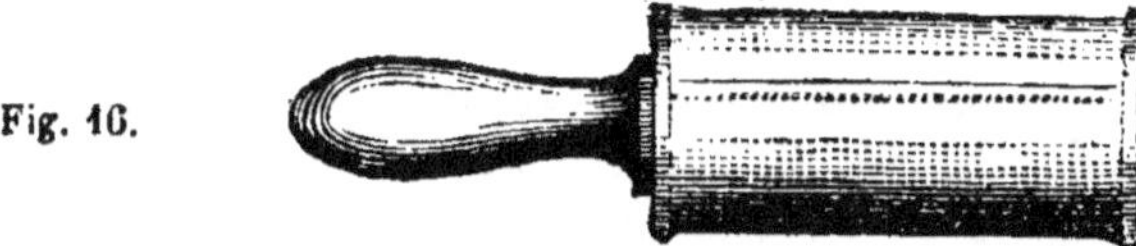

Fig. 16.

Maillet garni de plomb et de cuir (fig. 16), pour frapper les arbres et faire tomber les insectes............... 12   »

Numéros, série de 1 à 510, sur papier de différentes couleurs, la douzaine de feuilles...................... » 60

Nappe en forte toile, de 1^m,80 carrés, avec anneaux aux coins.. 8   »

Outils pour dissections et préparations microscopiques; ces petits instruments de précision sont montés sur manches en ivoire. Modèle n° 1...................... 3   »

fr. c.

Modèles nᵒˢ 2, 3, 4, à........................   4   »

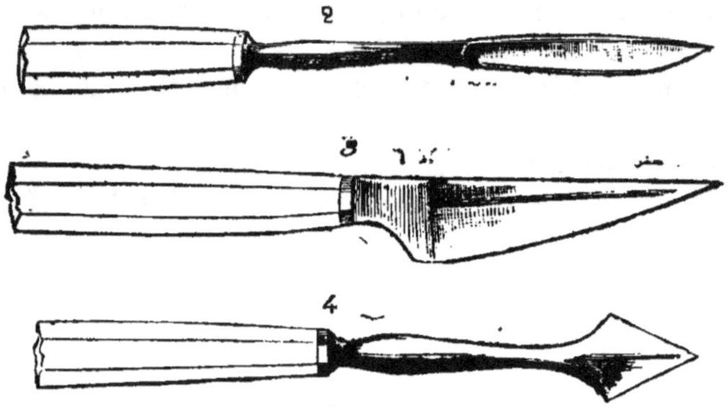

Parapluie, manche avec une brisure, recouvert en toile,
    l'intérieur doublé....................   12   »
    Le même, recouvert extérieurement en alpaga.   14   »
—   manche avec deux brisures pour mettre sur le
    sac de touriste.............................   14   »
    Le même, recouvert extérieurement en alpaga.   16   »
Paillettes de mica pour coller les petits insectes, le cent..   1   »

Fig. 17.

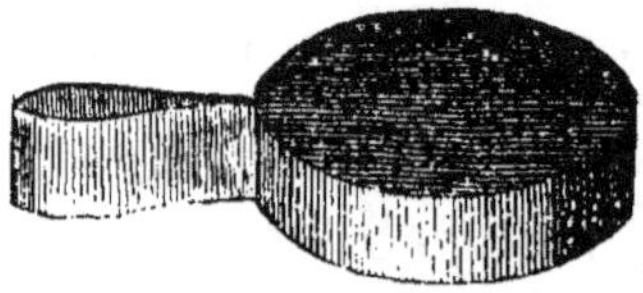

Pelotte à épingles pour emporter à la chasse (fig. 17).....   1   »

Fig. 18.

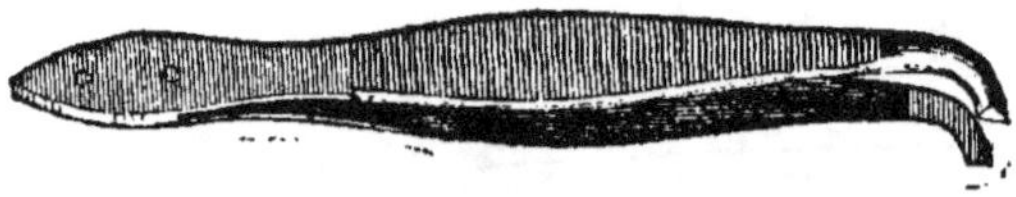

Pince à piquer, à bout recourbé (fig. 18)..............   2   »
—   pointes fines pour saisir les petits insectes......   1   »

fr. c,

Fig. 19.

Pinces à pointes fines, nouveau modèle supérieur (fig. 19).   2   »

Fig. 20.

Pince de chasse, modèle de M. de la Brulerie (fig. 20). La
    pièce...   » 25
                                                            La douzaine.   2 50
Pince Bruxelles.......................................   » 50

Fig. 21.

Pince à raquettes (fig. 21), garnie en tulle pour saisir les
    lépidoptères......................   4 50
    —   garnie en toile métallique pour les hy-
        ménoptères......................   4 50
Pince à raquettes, à oreilles tournantes, pour être rame-
    nées étant fermées, sur le plan des raquettes, avec
    tulle ou toile métallique........................   10 50
Pince longue de 25 c. pour la chasse................   2 50
Pinceaux de plume pour coller les petits insectes........   » 10
Pinceaux en marte très-fins avec virole......... de 30 à   » 50

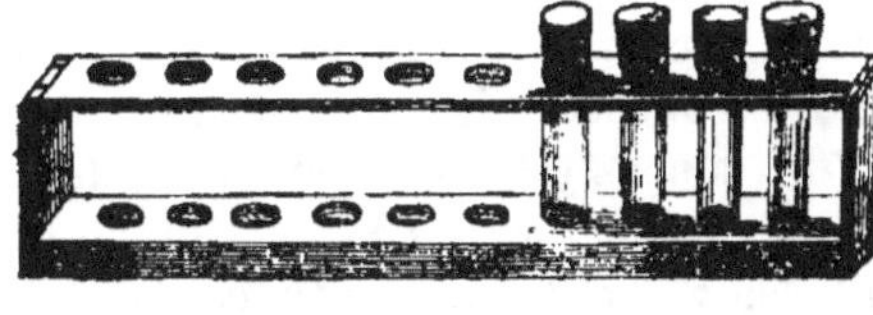

Fig. 22.

Porte-tubes en chéne (fig. 22), pouvant contenir 10 tubes
    de 15 mil. de diamètre pour collections d'arachnides,
    de larves, etc..   1 75

fr.

Plaque de lignite très-compacte, *n'oxydant pas les épingles*,
    de 52 cent. sur 41 cent., épaiss. 1 cent............. 2
    de 47 cent. sur 41 cent., épaiss. 1 cent............. 1 7
Sac de touriste, en toile, avec bretelles en cuir, spéciale-
    ment disposé pour les chasseurs d'insectes (fig. 23)... 18

Fig. 23.

Sac de touriste complet, garni de tous les instruments né-
    cessaires pour la chasse des insectes............... 75
Sciure préparée pour conserver les insectes. La boîte... »
Tubes en verre, bouchés, la douzaine assortie.......... 1
—   —   grand modèle.... » 15 c. et »
—   —   courts et larges pour microlé-
               pidoptères, la douzaine....... 1
Trousses de tubes en boîte, recouvertes en peau chagrinée,
    contenant 12 tubes de 5 cent. de haut, bouchon com-
    pris, 7 mil. de diamètre...................... 6
La même, avec case réservée dans le couvercle pour
    mettre des pinces et autres petits outils........... 6
Trousses de tubes en forme de portefeuille, avec fermoir
    en maillechort, contenant 12 tubes de 5 cent. de haut,
    9 mil. de diamètre.......................... 7
La même, contenant 24 tubes..................... 9

Ce magnifique ouvrage en est à sa 28ᵉ livraison ; il comprend 128 planches, et le texte correspondant, qui forment deux volumes in-6 jésus, plus six livraisons. Ces 28 livraisons contiennent plus de mille descriptions de Lépidoptères, Chenilles, Chrysalides, avec des indications très-précises sur leurs mœurs et les plantes sur lesquelles elles vivent.

Tout ce qui est paru........................... 155 fr.

Toutes facilités seront accordées pour rendre possible l'acquisition de cet ouvrage aux personnes qui seraient arrêtées par la dépense faite d'une seule fois.

PETITES NOUVELLES ENTOMOLOGIQUES
Paraissant le 1ᵉʳ et le 15 de chaque mois.

ABONNEMENT POUR L'ANNÉE

France et Algérie...	4 fr.
Belgique, Suisse, Italie.	5
Tous les autres pays.................................	6

Adresser tout ce qui concerne la rédaction et les abonnements à M. E. DEYROLLE, *fils, 19, rue de la Monnaie,* PARIS.

Les souscripteurs des pays étrangers peuvent nous adresser le montant de leur souscription en timbres-poste neufs de leur pays. Nous préférons recevoir des timbres de valeur moyenne : de 1 ou 2 pences d'Angleterre ; de 2 ou 4 kreutzer d'Autriche ; de 20 à 40 centimes de Belgique, de Suisse et d'Italie, etc., etc.

Ce journal n'est pas un recueil de science pure, c'est l'écho de tout ce qui se dit, de tout ce qui se passe dans le monde entomologique.

Il contient ces renseignements extrêmement utiles, mais dont le principal et souvent même le seul mérite est l'actualité, renseignements qui ne peuvent être publiés en temps utile par les revues et les annales qui paraissent à des dates trop éloignées ; tandis que ce recueil, paraissant deux fois par mois, rend compte fréquemment de toutes les nouvelles intéressantes, telles que : demandes de communication de types pour les monographes ; propositions d'échange entre amateurs ; indication des espèces nouvelles dont la description doit paraître plus tard ; nouvelles captures intéressantes pour les faunes spéciales ; bibliographie entomologique ; ventes publiques ou amiables de collections et de bibliothèques, etc.

Fontainebleau. — Imprimerie. E. Bourges.